未来 的 你，

一定会感谢现在
努力的自己

罗 金 著

中华工商联合出版社

图书在版编目（CIP）数据

未来的你，一定会感谢现在努力的自己 / 罗金著. --北京：
中华工商联合出版社, 2015.9
ISBN 978-7-5158-1429-2

Ⅰ.①未… Ⅱ.①罗… Ⅲ.①成功心理–通俗读物
Ⅳ.①B848.4–49

中国版本图书馆 CIP 数据核字(2015)第 222850 号

未来的你，一定会感谢现在努力的自己

作　　者：	罗　金	
责任编辑：	吕　莺　　张淑娟	
装帧设计：	虞　佳	
责任审读：	李　征	
责任印制：	迈致红	
出版发行：	中华工商联合出版社有限责任公司	
印　　刷：	北京高岭印刷有限公司	
版　　次：	2016 年 1 月第 1 版	
印　　次：	2016 年 1 月第 1 次印刷	
开　　本：	640mm×960 mm　　1/16	
字　　数：	260 千字	
印　　张：	16	
书　　号：	ISBN 978-7-5158-1429-2	
定　　价：	35.00 元	

服务热线：010-58301130　　　　　工商联版图书
销售热线：010-58302813　　　　　版权所有　侵权必究
地址邮编：北京市西城区西环广场 A 座
　　　　　19-20 层,100044
http://www.chgslcbs.cn
E-mail:cicap1202@sina.com(营销中心)　　凡本社图书出现印装质量问
E-mail:gslzbs@sina.com(总编室)　　　　题,请与印务部联系。
　　　　　　　　　　　　　　　　　　　联系电话:010-58302915

1

从人呱呱坠地的那一声啼哭开始,伴随而来的各种"痛苦"也就应运而生。

生活之苦、疾病之苦、对死亡的惧怕、对财富的贪恋、内心的烦恼、情感的波折等等,无时无刻不在困扰着我们,让我们殚精竭虑,叫苦不迭,挣扎在悲喜之间。有时,我们真的会感叹人生的沉重,毕竟需时时面对成败、荣辱、福祸、得失等挫折与苦难。也许,我们一路生活,一路坎坷。

从情感上讲,痛苦是人人所厌恶的。肉体上的痛苦,或者使人疼痛难忍,或者给人的生活带来诸多不便。精神中的痛苦较之肉体上的痛苦,更加难以忍受。它或者是自我的谴责,无尽的悔恨,痛不欲生;或者是感到成功的艰难,怀疑成功的意义和价值;或者是处于一种难堪的境地,进退不得,左右为难;或者是受到外来的压力,使人感到没有任何前途;或者是心中不平,使人备感不公。诸如此类的痛苦,无时无刻不在充斥着我们的精神,挑战着我们的耐心和毅力、信念和勇气。

没有人喜欢痛苦,所有人都希望找到一种摆脱痛苦的秘方,让自己永享安乐;觅得一处世外桃源,让自己离苦得乐。

但是,人世间没有通往成功的捷径,也没有永保快乐的仙方。要想避免痛苦、战胜痛苦，就要先学会正确地看待痛苦。

从理性上看，痛苦并不尽是成功的仇敌，不要把它视为绝对的恶。我们不妨将那些必然的、不可避免的痛苦，视为争取幸福的过程中不可缺少的动力。

吃得苦中苦，方为人上人。人正是得益于痛苦的鞭策，才拥有了不同的精彩人生。

2

人的一生中，有阳光明媚的白天，也难免有凄风苦雨的夜晚。当不幸降临时，我们可以选择蜷缩在角落哭泣，也可以用坚强的心给自己点上一盏明灯。

世界上没有迈不过去的槛儿，即使是喜马拉雅山，也有人可以站在山顶征服它。不幸也好，困境也好，对于没有足够勇气挑战它、没有足够毅力征服它的人来说，就是一道不可逾越的高墙；而对于有着坚强内心的人来说，它更意味着一道门，通往人生崭新的境界。

的确，不幸的降临会让人感到委屈和沮丧，但委屈和沮丧之后，不要忘记要努力地去和不幸抗争。不管怎样，我们要认清楚这样一个真理：无论生活是公平的还是不公平的，都应该坚持自己给自己公平。没有人能解救我们，真正把我们从不幸中解救出来的只有自己的努力。

努力，是一种不轻易放弃的"恒心"与"决心"。在开始的时候，每个人都能信誓旦旦地保证自己能够坚持到最后，但是时间是最能消磨人意志的东西，外部环境千变万化，大部分人都无法在变化的环境中一如既往地坚持。但是若想成功，就必须具备在任何情况下都耐得住寂寞、耐得住痛苦的能力。也只有自己把控自己，才能不管世界如何变迁,一直坚持自己的步伐,最终走向成功。

在困顿、苦难面前,一味哭丧着脸,除了磨掉自己的锐气外,是不会赚到任何同情的眼泪的。只有敢于在寒风中搏击的人,最能感受到太阳的温暖;只有学会正视痛苦,在苦的环境下能够适应并努力奋斗的人,才会深深感觉到这个世界的美好!

3

真正的成长,不是外表的成熟,而是能勇敢地面对所有的不幸,勇于承受孤独、平淡、失意。

心灵成长不是一个漫长而痛苦的过程,而是一个充满喜悦和充实感的过程,在心灵不断成长下的生活才是最美好的生活。

获得心灵成长最有效的方法就是通过生活本身,通过每一个当下,活出真正的自己。

本书揭示了如何努力地生活和热爱我们的生命,并以此为主旨,带你学会以感激之心面对过去的种种经历,以释然的态度面对曾经的遗憾和失意、挫折和迷茫,感谢那些折磨过你的人和事,将所有的经历都化为人生最值得珍藏的财富。

这是一本写给把最美好的年华献给理想的年轻人的书。以温柔如水的文字陪你走过坎坷,走过逆境,给灵魂安定,给前行者信念。

不忘初衷,不失方向,直面现实的迷茫与艰难。

愿所有的负担都变成礼物,所受过的苦都成为照亮前方的灯。

生命年轮在不断地旋转着,如果它今天带给我们的是悲哀,那么明天它将为我们带来喜悦。

未来的你,一定会感谢现在努力的自己!

目录
Contents

第一章
总有一个梦想,我们愿意付出一生

1. 信念不同,结果就会不同

　　天赋可以由勤劳来弥补,能力可以通过实践来锻炼,而这一切的一切都需要信念的支持。没有坚定的信念,人生就会像弹簧,遇强则弱,遇难便缩。而这类人所具有的资质、能力等一切也终将无法发挥出来,只能随着信念一起萎靡退缩。因此,信念决定结果,信念不同结果就会不同。

　　一个魔鬼来到一个村庄。它看见这个村庄富饶丰裕,就住下来。它每天偷鸡摸狗,害得大家不得安宁。村长奇里决心找魔鬼决斗,为村民除害。

　　有一天,奇里在草原上寻找魔鬼时,迎面碰到一个人。他们互相问好后,对方问:"你往哪里去?"

　　"我去寻找魔鬼。"村长回答。

"找它做什么？"对方问。

"我想除掉它，解救村民。"村长答道。

这时对方说："我就是魔鬼。"

村长一听，就向它冲去，双方打了起来。奇里终于战胜了魔鬼，把它打倒在地，接着拔出短刀，准备下手。

这时，魔鬼止住了他，说："村长，且慢下手，你可以杀死我，但先听我说几句话。"

"说吧。"村长说。

"你杀死我，你没有一点好处。"魔鬼说，"如果你饶了我，我保证每天早晨在你的枕头下放20个金币，直到你生命的最后一天。"

村长一听这话，马上动摇了，心想：我打死它，有什么好处？世上的魔鬼有千千万万，它又不是世界上唯一的魔鬼。若饶了它，我每天就可以得到20个金币！于是，村长奇里同魔鬼订了协议，放走了魔鬼。

第二天早晨，村长奇里发现枕头底下真的有20个金币，心里不禁大喜。

这样，持续了一个星期，村长奇里对谁也没有说过这件事。

有一天早晨，村长奇里醒了，手伸到枕头下摸钱，却一个钱也没有摸到。他感到纳闷，心想，大概是魔鬼忘记了，明天它一定会放好两天的钱。

但是，第二天枕头底下还是没有钱。村长奇里又等了一天，还是没有钱。这时村长奇里冒火了，立马出去寻找魔鬼。

在同一草原上的同一个地方，他们又相遇了。

"喂，骗子！"村长奇里对魔鬼说，"你不遵守承诺！"

"我承诺了你什么？"魔鬼问。

"你保证每天给我20个金币，起先我倒是每天收到的，可是现在，我已连续几天没有收到钱了。"

"村长啊，"魔鬼回答说，"我一连几天给你钱，后来就不愿给了。如果你不满意的话，我们就决斗吧。"

村长奇里相信自己的力量，因为他已经战胜过魔鬼一次。

但这一次，魔鬼举起了村长，把他摔在地上，并且坐在他的胸上，拿出短刀，准备下手。

这时，村长说："魔鬼，你可以杀死我，但请允许我提一个问题。"

"提吧。"魔鬼答应了。

"一个星期之前，我们碰面后进行了较量，我胜了你。为什么现在我们两个都毫无变化，你却战胜了我？"

魔鬼笑着说："原因是第一次你是为了正义的事业同我决斗的，而现在你找我是为了要钱，为了个人复仇，所以我才能不费力气地战胜你。"

人如果怀着正义的目的和信念去做事，就会充满必胜的信心和无穷的力量，从而也能轻松获得成功；如果怀着邪恶的目的和信念去做事，就会底气不足，从而也就轻易遭受失败。怀着什么样的目的和信念去做事，就会有什么样的结果。

人的行为是受信念支配的，而人所得到的结果是由行为产生的。所以，有什么样的信念，就会产生什么样的结果。

1989年，一个年轻人从中山大学毕业，到万宝冰箱厂应聘。年轻人应聘成功后，工厂付给他令人眼红的400元月薪。但三个月后他放弃了这份来之不易的高薪工作，离开单位去中科院攻读硕士学位。

朋友们总以为在他获得硕士学位后，他会找到一份比万宝冰箱厂薪酬更高的工作。谁知三年后，他到了联想公司，得到的工资是300元，后来公司才给他涨到400元。

有朋友问他："你多读了3年书，和在万宝冰箱厂有什么差别？"他笑而不答。

一年后，他拿着中山大学本科、中科院硕士、在联想工作一年的简历，去新加坡第二大多媒体公司应聘。他从30个面试者中脱颖而出，拿到相当于一万人民币的薪酬，开始了为期六年的异国打工生活。

在新加坡的日子，他先后在3家软件公司任职，后来还进了有名的飞利浦亚太地区总部。他不断地跳槽，别人根本不明白这个年轻人到底是喜欢钱，还是只为了跳槽而跳槽。因为前面的几家公司给他的薪水已经够高了。

更令人感到不可思议的是，他在公司任职的时候，只要是他承接的业务，即使是几千新币的软件，一旦用户在使用中出现了问题，他便会放下手中的工作火速赶到。而对于其他软件工程师来说，这种价值的软件根本不配享受这样的技术服务。在新加坡，他认识了一位同行，两人一拍即合，出资在当地开办了公司，他又一次炒了自己的鱿鱼。那次创业九死一生，许多人认为他不值，他本有好工作，有好前程，为什么总要把自己从浪峰推向谷底。

但是，最终他成功了。他就是朗科公司的创始人邓国顺。

美国哲学家拉尔夫·爱默生曾经说过："我们的所想决定我们的所为。"他把这条原则称为"至高无上的规律"。詹姆斯·艾伦也说过："一个人外在的生活状态总是可以在他内心深处找到根源。"实际上，不同的信念造就不同的生活，不同的理想便会有不同的结果，这是数千年来亘古不变的真理。

2. 相信自己是有用之材

你要相信自己是个有用的人，只要你相信自己是有用之材，那股自信就能让你精神抖擞，对任何事情都能应付自如。反之，如果你的精神萎靡不振，做起事来瞻前顾后，不难想象那种生活的状态：胸无大志，自认为是多余的人，甚至自暴自弃。在精神生活层面已执行"自杀"的人，怎么会拥有一个事业成功的人生呢？

其实，每一个人都有生存的权利，都有自己的长处，也都有其存在的价值。作为一个普通人来说，在想做一番轰轰烈烈、流传千古的事业时，机会或许很少，能力也许不够。但因为我们的存在，世界才变得如此可爱；因为我们的努力，工作成绩才变得如此耀眼。或许，你会嫌弃自己很过于平凡，缺少贡献。但你的真心付出，让家庭充满幸福气氛，让亲人之间情感融洽，这难道不是贡献吗？你因辛勤的工作创造了财富，得到了回报，这难道不是贡献吗？人生在世，绝对是"天生我材必有用"。

当然，自信是要有基础的。缺乏本身足以自傲的能力，一味地盲目自信，那是自大，是不会有所作为的。我们作为普通的人，也许会觉得自己实在没有理由可以骄傲，没有资格可以狂妄。但正是这些想法，会成为我们成就大事的障碍，由此也可阻断了成功之路。人们常说，平凡不等于平庸，伟大出自平凡。可以说，我们多一分信心，离成功就更近一步。因此，不要老让自己泄气，成大事者就是那些拥有坚强信念的普通人。

美国第40任总统罗纳德·里根是一个充满自信的人。在成为总统之前,他只是一位名气不大的演员,但他立志要当总统,并相信自己一定可以做到。从22岁到54岁,里根一直是在演艺圈发展,在从政方面完全是陌生的,更没有什么经验可谈,可以说他是半路出家。但当机会来临时——共和党内的保守派和一些富豪们竭力怂恿他竞选加州州长,里根毅然决定放弃大半辈子从事的职业,转而投入政坛。结果大家都很清楚,里根连任了两届美国总统。

而消极的心态则会毁掉所有成功的可能性,因为如果让消极的人生观永远"驻足"在你身上,它的破坏力最后终将"侵蚀"你的健康。相关的一项调查表明,在所有病人当中,将近75%的病人患有不同程度的忧郁症。忧郁是一种不正常的心态,会引发无谓的烦恼,它是所有不正常症状的开端。简单来说,忧郁症患者就是指,一个人由于身上背负着沉重且无谓的压力,而一旦压力摧毁了自信,他便相信自己患上某种想像中的疾病。其实,那只不过是幻想的产物罢了。

拿破仑·希尔曾讲述过这样一个生活案例:N先生的妻子得了肺炎,当希尔赶到他家中时,他见到希尔的第一句话就是"如果我妻子死了,我将不相信这世上有上帝存在。"他请希尔来,是因为医生已经对他说,他妻子活不了了。他的妻子把丈夫和两个儿子叫到床边,向他们道别。

希尔赶到之后,看见N先生在前厅啜泣,两个儿子则在旁尽力安慰他。当希尔走进N太太房间时,她已经严重地感到呼吸困难。护士告诉希尔,她的情绪很低落。希尔很快就发现,这位N太太请他过来,无非是要拜托他在她死后,请他照顾她的两个儿子。

希尔在听完她的请托之后,语气坚定地对她说:"你绝对不能放弃希望,你不会死的。你向来就是一位坚强且健康的女人,我不相信上帝会带走你，也不相信上帝让你把你的儿子托付给我或其他人。"希尔和她谈了很久，并做了一次祈祷，祈祷她早日康复。希尔告诉她，要对上帝有信心，以意志力来对抗每一个呼唤死亡的病菌。然后，希尔离开了N先生的家。

临走前，希尔说："教堂礼拜结束后，我会再来看你。到时候，我必定会发现，你比现在好得多了。"那天下午，希尔如约又去拜访。N先生这次竟面带微笑地迎接希尔的到来。他说，在希尔早上离开之后，他太太就把他和儿子们叫进房里，向他们说道："希尔博士说，我不会死，我将会康复，现在我真的觉得好多了。"

最后，N太太完全康复了。这就是信念的力量，这就是信念创造的奇迹。

每个人必须笃信自己是有用之材，否则，就枉费在世上活一遭，枉费上天赋予你这样神奇的能量。

以下介绍几种在生活中增强自信心的简单方法，如能熟记这几项，并努力实践，你必定能成为一个充满自信的人。

◎主动和别人说话

养成主动与人说话的习惯很重要。你越是敢主动和人谈话，就越代表自己有自信。一旦你不怕被人拒绝，以后与人交谈就会容易多了。一个人若是过于封闭，无疑是拥有的自信心不足。

◎将走路速度提高10%

心理学家认为，人们通过改变自己动作的速度，来改变自己的态度。如果你走路比一般人快，就像是在暗示其他人："我必须赶紧到一个很重要的地方去，那里有重要的工作非我不可，而且，在15分钟内，我将出色地完成这一工作。"

◎坐到前排座位上

你大概已经发现，不论是什么样的聚会，总是后面的座位先坐满。许多人喜欢坐在后排座位，那是因为不想自己引人注目。如此不愿让人注意的心态，多半是由于缺乏自信心的缘故。要想让自己充满自信，你应该反其道而行，坐到前面去，为自己制造培养信心的机会。

3. 安于现状，是最大的陷阱

停滞不前的生活像是一潭死水，没有波澜，毫无生气。每一个平淡的日子都需要一股动力，像清泉一般，在死寂的水面上激起绚丽的涟漪。人若想改变生活，就要随时为自己注入灵动鲜活的补给，激发生命的斗志，远离麻木消沉的日子。

曾经有一个国王和他的王后生了一个漂亮的儿子。在孩子举行洗礼仪式的那一天，有11位仙女前来祝贺，并且每个仙女都带来了礼物。高贵的出身令智慧、力量、英俊等所有世上美好的东西都堆在小孩的面前，正在这个时候，第12位仙女姗姗而来了，她带来的礼物是不满。于是愤怒的父亲拒绝了她和她的礼物。

随着岁月的流逝，年轻的王子茁壮地成长，简直就是完美的典范。他性情温和，行动安静，时光一天天地从他身边流逝而去，但此后王子的心灵渐渐地枯萎了。他终其一生，一事无成。最终，国王才领悟到那被拒绝的礼物才是最珍贵的礼物。就这样，一个本来应该干一番轰轰烈烈事业的人却在平庸、默默无闻中过了一生。

伏尔泰因为发现法律的学习不适合他，才转而从事文学工作的；大文豪鲁迅先生原本也是学医的，后来觉得文学创作更能拯救中华民族的灵魂，既而才投身到拯救人们的精神世界中，成为一代文学泰斗；著名诗歌作者穆力耳在专门写剧本之前曾经花了5年的时间学习律师；古德也是放弃了法律，改为钻研戏剧的。

有一位心理学家曾经说过一句很耐人寻味的话：我们所从事的往往不是我们所擅长的。当然，这其中有很多的无法改变的客观原因。

美国康奈尔大学的生物学教授做了一个著名的叫作煮青蛙的实验。

实验是这样的：先把一只青蛙故意丢进煮沸的水中，由于青蛙反应灵敏，在千钧一发之际，它用尽全身力气跳出水锅，安全地逃生了。

30分钟后，教授们又使用一个同样大小的铁锅，不同的是这次在锅里先放满了冷水，然后把那只曾经死里逃生的青蛙再放进去。这只青蛙在锅里并没有像第一次那样跳出来，而是欢快地表演着它的游泳技巧。接着，他们又不断地将水加热，这只青蛙依然在水中自由自在地游来游去，它还以为是在泡温泉呢！但很快，当它感到情形不对时，为时已晚，它欲跃乏力，全身瘫软，只好躺在水里，最后终于翻起了白肚皮——死了。

由上面的这个实验可以看出安于现状是非常可怕的，缺乏危机意识，等于是对自己的生命不负责任。不管你扮演什么角色，不管你现在多么成功,也不管你现在所处的环境多么舒适,都必须主动改变自己,以应对环境的恶化。

如果安于现状,孔子也许只能是鲁国一个管理钱库财粮的小官,不会成为一个受万人推崇"圣人";如果安于现状,司马相如也许只能是一个酒店老板,不会因"洛阳纸贵"而名噪一时;如果安于现状,毛泽东也许就只能是北京大学的图书管理员,不会成为引导中国革命走向胜利的开国元勋。

机会对每个人都是公平的,之所以有平庸的人,是因为他们满足现在的生活,并且在机会降临时他们也不去把握,而好位置就只好让他人捷足先登,很多人不想去竞争,因此具有的优势最终也会被劣势所取代;而那些成功的人绝不会安于现状,他们不等待机会,也不向亲友们哀求,而是靠自己的苦干努力去创造机会。他们深知,唯有自己苦干努力才能给自己创造机会,令自己发挥出优势,不会让优势变成劣势。

如果我们总是对安稳的生活恋恋不舍,周而复始地等待着生命的终老,那么当心灵因疲惫而停下来时,生命也就会随之停下;当人前进的脚步慢慢停止时,生命的机能也会跟着不断萎缩。一旦遭受环境的改变、危险的袭击,我们就会因为不适应而变得惶惶不可终日。世界是变幻莫测的,我们即便不能与它保持并肩同行,也要及时跟上它的脚步。时刻给自己补充一股动力、一剂活水,让自己保持充足的活力与高昂的热情。如此,无论未来怎样,我们都能坦然地面对。

4. 用充满激情的心拥抱未来

激情能创造出财富，也能创造出奇迹，可以说激情是奇迹之母。美国成功学大师卡耐基称激情为"内心的神"，认为"一个人成功的因素很多，而首要的因素就是激情。没有激情，无论你有什么能力，都发挥不出来"。实际上，大凡能创造出奇迹的人，并没有什么特异功能，靠的只是一股激情。

我们都见过沸腾的开水，每一个水分子似乎都在争相跳跃、不断向上，人的心态也应该如此。每一滴血都应该沸腾起来，如果像平静得没有波澜的湖水一般，人生就成了一潭死水。如果人生永远不能沸腾起来，那么人也如同死去一般，生与死都已经没有分别。

很久以前有一部电影《沸腾的生活》，讲述了一个关于罗马尼亚人自力更生造船的故事。罗马尼亚自行制造的5.5万吨矿砂船，在试船时因螺旋桨叶片破裂而失败。造船厂厂长科曼决定发扬自力更生的精神，凭着自信和一腔热血，依靠工人和技术人员重新铸造。但这项决定并没有得到上级的支持，上级认为他们没有实力，不会成功，并不支持他的试验。面对重重困难，科曼没有放弃，而是怀着莫大的信心，坚忍不拔，最后终于铸出大型螺旋桨，在试航中也大获成功。

事实上，人人生而平等，不以种族、阶级差别而划分人群的观念，中国自古就有。那种抛头颅、洒热血的激情人士，中国自古就有。

公元前209年，秦政府征发闾左戍卒900人往渔阳（今北京密云）

戍边。由于天下大雨，这支队伍阻留在蕲县大泽乡，不能如期赶到渔阳。秦法"失期当斩"，900戍卒将无一能生。就在这时，陈胜高喊出了一句话："王侯将相，宁有种乎？"陈胜、吴广率领戍卒，杀死押送他们的将尉，"斩木为兵，揭竿为旗"，点燃了中国历史上第一次农民大起义的熊熊烈火。

再看看俞敏洪的故事：

从常熟师范到北大，从大学教师到中国最富有的教师，从新东方到计划到创建中国最高质量的私立大学，这是俞敏洪到目前为止的人生经历。

作为中国第一家在纽约证交所上市的教育机构，新东方催生了近10名身价过亿元的教师。可是俞敏洪也曾是一个被人遗忘的学生，那时，他因为在大学三年级患肺结核而病休一年，从北大的1980届转到1981届，结果1980届和1981届的同学几乎全部把他忘了。当时有同学从国外回来，1980届的拜访1980届的同学，1981届的拜访1981届的同学，但是竟然没有人来看俞敏洪，因为两届的同学都认为他不是他们的同学。那时候俞敏洪感到非常痛苦、非常悲愤、非常心酸，甚至自己在房间里咬牙切齿，诅咒那些"没有感情"的同学。

也许就是这种同学的忽略和不重视，点燃了俞敏洪心中的沸腾之火，他忽然明白了，你自己没有一腔热血，不沸腾起来，不努力将生活做到最好，谁会记得你呢？你的人生像死水一样不泛起波澜，别人怎么会注意到你呢？要想让别人看得起，那就得先让自己沸腾起来，投入生活中。

明白了这个道理之后，俞敏洪就再也不责怪那些同学了。现在，1980届和1981届两届的同学都承认俞敏洪是他们优秀的同学。

俞敏洪用亲身经历告诉我们,一定要找到激情,找到愿意为目标而疯狂努力的动力。因为缺乏激情这个催化剂,一段时间过后,你又会回到贫穷的原点。

问问你自己:什么事能够让你赴汤蹈火在所不惜呢?你是否曾经为了实现愿望而努力拼搏呢?你需将心情平静下来,到一个安静的环境里,然后试着描绘想拥有的东西、想做的事与想成为的人的影像,反复练习,直到影像清晰,方能再次找回激情的力量。

5. 再卑微的生命,也有实现梦想的可能

人活一口气,这口"气"其实就是支撑人能够不断走下去的梦想。当然,在现实社会中,谈及梦想好像是一个非常遥远的事情。但是一个人可以被剥夺财富、健康,甚至自由,而梦想却是永远无法被剥夺的。

虽说人人平等在现实中是不存在的,天秤总会倒向一边,但梦想是没有高低贵贱之分的,任何人都能拥有自己的梦想,都有为自己的梦想付出努力的权利。比如,农夫梦想着自己家的母鸡一天下两个蛋,国王梦想着周围的国家能臣服于他,两种梦想虽不同,却没有高低贵贱之分。实际上,有梦想的人都是可敬的,因为梦想是完全属于自己的财富。

在实现梦想的过程中,可能周围的一切并不会十分的如意,可能会面临意想不到的挫折和困难。但在这种困难和挫折面前,人的高低

不会按照背景和地位来区分,只会按照坚持还是放弃来区分。

被现实打弯了腰不可怕,可怕的是那根支撑自己的脊梁已经折断。只有屡败屡战,斗志才会一次比一次更强大;愈战愈勇,信心就会一次比一次更坚定。

梦想不需要成本,但追梦需要,这种本钱并不是人先天具有的,而是人拼搏所得的。一个人若是什么都不肯付出,那么梦想再小也绝无实现的可能;反过来说,若是向着目标不断努力,即便在开始时一无所有,最终也一定能够守得云开见月明。纵观古今,那些能够梦想成真的人,无一不是在实现梦想的道路上走得十分艰难,却挺到最终。记住,在挫折与困难面前,不要忘记最初的理想,更不要忘记自己最初的样子。失去也没什么可惜,但拼搏与放弃相比得到的会多一些。

很多人都看过电影《光荣之路》,这部电影讲述的是一名篮球教练哈金斯到一支成绩很差的球队执教的故事。哈金斯是一个具有坚强意志的人,他决心在全国大学体育协会里面闯出名堂。他的思想非常开明,他并不以肤色区分天才,在他的篮球队里,需要的只是胜利。

在这一思想的指导下,哈金斯从校园中招收了一群非常有篮球天分的黑人学生作为自己球队的核心,开始了他艰苦的光荣之路。在最初的时候,这些球员不知道职业篮球和街头篮球的区别,而哈金斯总是不断地用梦想激励着他们不断前行。

在经过一段系统的训练以后,教练哈金斯坚定的信心感染了球队里的每一个人。这支混合了黑人的球队一路披荆斩棘,最终闯进了决赛,最后在马里兰大学击败了纯白人的肯塔基队,获得了1966NCAA篮球比赛总冠军。这场比赛的结果成为美国体育史上最重要的几个事件之一，它不仅捍卫了黑人的尊严，更具有划时代的意义，因为它使得美国大学篮球正式进入到了黑白人共存的时代。

这并不是一个虚构的故事，而是美国篮球史上的真实事件。从某种程度上可以说，这一事件重新定义了篮球这项运动。当然，推动这一切的就是梦想的力量。因为有梦想，教练才愿意接手一支在上赛季只取得寥寥几场胜利的球队；也正是因为有梦想，在街头打球的黑人才愿意承受大量的训练和众人的白眼；还是因为有梦想，在决赛中球队的每个人才选择了服从教练指挥……

当然，哈金斯的梦想也许并不一定会成功，还有一种可能是失败，更何况，他向着一个极高的目标发起了挑战。但是他坚持了梦想，他知道梦想没有贵贱之分。任何小人物都有成为大人物的可能，只要为成为大人物的梦想付出努力。

在梦想的照耀下，寂静的山谷里会盛开出幽雅的百合花，平凡的人生也会绽放出别样的光彩。在没有人为自己欢呼的时候，自己要懂得给自己加油；在没有人理解的时候，自己要做到坚持不懈。

6. 不忘初心，始得善终

世界上有很多概念都是互相矛盾的，因而有时我们会陷入这种两难的抉择当中。这个时候，选择的结果很难以对错来评价的，人生若是一条路，选择就是岔路口，无论你怎样选，最终的终点都一样。当然，你的一个选择可能会改变你的人生。

两个少年在厕所中相遇，其中一个男孩找另外一个戴帽子的男孩借了点手纸。出了厕所之后，为表感谢，借手纸的男孩给戴帽子的男孩点了一支烟。两个人边走边聊。

戴帽子的男孩说："我最近很郁闷，家里人一直逼着我学钢琴，可我怎么也弹不好。"

借手纸的男孩说："钢琴，一点都不难！我五岁就开始弹了，可烦恼的是家里人总逼着我写诗，天啊，我怎么写得出来？"

戴帽子的男孩一听，笑着从包里拿出了一沓稿纸，说："这个给你，拿回去交差吧！我最喜欢写诗。"

你一定猜不到，那个不爱学琴的男孩，正是大诗人歌德；而那个不爱写诗的男孩，则是音乐家莫扎特。他们面临的选择显而易见，那就是自己的梦想和家人的期待。若是你，你会怎样选？选择他人的期待在大部分人眼中是最保险的做法，不会冒风险，因为那些对你有所期待的人总比你多些经验，至少是站在客观的角度来看待你的。可是哪一种成功不需要冒险呢？若是歌德选择弹琴，莫扎特选择写诗，那么他们就永远成为不了轰动世界的伟人，因为他们的选择违背了自己的梦想。

人，一定要做自己喜欢、自己想做的事，如此才能够快乐。或许，在此过程中会遭到周围的人或环境的阻碍，但我们不该就此放弃自己的意愿。有些事一拖延，可能就会拖成一辈子。

日本最年轻的临终关怀主治医师大津秀一，在多年行医的经验基础上，在亲自听闻并目睹1000位病患者的临终遗憾后，写下《临终前会后悔的25件事》一书。其中，有很多条都涉及"没有做自己"，比如，没做自己想做的事；被感情左右度过一生；没有去想去的地方旅行；没有表明自己的真实意愿，等等。

说到底，人之所以会做保守的选择，是因为怕失去，但想想看，我们在离开这个世界的时候为什么会后悔？因为我们什么也带不走。若是曾经追求了梦想，那最终至少还有回忆，而不是悔恨。人生重在体验，而不是手里有什么。你若是真的爱自己，就该为自己的梦想而拼搏，让自己不留任何遗憾。

小时候，她不喜欢跳舞，可在父母的严厉要求下，她还是硬着头皮学了。这一跳，就是十五年。

高考时，她想报考旅游英语，在家人的强烈反对下，她还是听了母亲的话，上了一所护士学校。后来，她在市区的一家医院做了一名护士。

工作后，她交了一个军官男友，父亲却不同意。抵抗不过父亲的百般阻挠，她最终还是妥协了，在亲戚的介绍下，和一个医生结婚了。

结婚后，她和丈夫本来有自己的一套房子，可公婆非要他们搬过去一起住。她知道婆婆是个挑剔的人，本不想每天住在一起，怕生出什么矛盾，自己不开心，也惹得婆婆生气。可经不住老公的劝说，她还是强颜欢笑地和公婆住到了一起。

在别人眼里，她是幸福的。多才多艺，样貌出众，嫁了一个家境好的老公，还有公婆帮忙料理家务……这样的生活，多少女人求之不得。可是，她内心的苦楚又有谁知道？

30岁生日的那个深夜，她想到自己过去的这些年里，似乎每一次重要的决定，都是别人替自己拿主意。这人生，仿佛不是她自己的。那个做义工行走世界的梦想，那个曾在雨中为她撑伞的恋人，一切的一切，都成了无法触摸的梦……她背对着丈夫，流下了一行行眼泪。在咸咸的泪水中，她突然作了一个重要的决定：换一种活法，做自己想做的事,去自己想去的地方。

略萨曾说:"我敢肯定的是,作家从内心深处感到写作是他经历过的最美好的事情,因为对作家来说,写作是最好的生活方式。"因为喜欢,所以快乐,沉醉其中乐此不疲,金钱和名誉,都是可有可无的附加值。若是束缚太多,无法做自己想做的事,久而久之一定会身心疲惫、无所适从。在这个时候,换一种活法,保持淡定,不为他人的言语和决定而改变自己的意愿,人生自会惬意无比。

我们总会听到有人抱怨,如果当初怎样怎样,现在就能如何如何。可是,时间的大门一旦关闭就不可能再开启,人生就是一场单程的旅途,没有回头的路。生活会太累,会有太多遗憾,就是因为人给了自己太多束缚,不敢打破规则,追求最初的梦想。学会把自己的感觉叫醒,放开胸怀,放下种种担心和顾虑,勇敢地向着梦想前进,无论别人如何看,你都可以过得很快乐。因为这才是你真正需要的,才是真正属于你的人生,属于你的幸福。

趁着自己还没有麻木,赶紧去看看自己最初的梦想吧!若你不去闯,那么它就是你一辈子的梦想,若是去做了,那么梦想自会实现。人生太短暂,时间不等人,有些事情现在不做,就再也没有机会做了。问问自己的心,去爱自己真正爱的人,去做自己想做的事,走向最期待的未来。

7. 用心规划,人生才不会迷茫

人生有了规划,才不会迷茫。

我经常听到身边的朋友讲这样一些话:"我很迷茫……""我后悔了……""如果时间重来,我一定会……"

那么,你是否也会经常抱怨老天的不公平、生活压力繁重、人际关系难处、工作不如意等等烦恼呢?"新东方"创始人之一徐小平曾经说过一句颇有哲理的话:"人生没有设计,你离挨饿只有三天。"话虽然有些夸张,但在竞争如此激烈的当今社会中,"人生需要规划"已经是毋庸置疑的思想理念。

然而,实际情况却是,世界上有六十多亿人口,但是能按照自己的意愿生活的人少之又少,为什么会是这样呢?

让我们借用哈佛大学的一个著名试验来说明。

20世纪中叶,一位哈佛大学的著名社会学教授访谈了1000名即将毕业的本校学生。教授问了他们一个很简单的问题,即"您对自己的人生有没有清晰的人生规划"。

得到的结果是,只有很小一部分(不到4%)学生说对自己的人生拥有清晰的人生规划;一部分(大约占16%)的学生虽然有规划,但不是很清晰。

30年过去了,这位执着的教授又回访了这些学生,除了35位由于过世或其他原因未能联系到以外,其他965名学生都取得了联系。该教授通过对他们的健康、家庭、事业、情感、财务等多项指标的统计,发现一个很有趣也很惊人的结果。

数据表明，当年毕业时那些拥有清晰人生规划的学生，在以上的各项指标中得分都是最高的，他们不仅拥有健康的身体、美满的家庭、成功的事业，还获得了平衡的心灵和令人羡慕不已的财务自由。

而那些只有模糊的人生规划的人(不到16%的人)，成为各行各业中的专业人士，虽然其中不少人薪水较高，但在健康、家庭与心灵等诸多方面产生了不少矛盾，身心疲惫成为他们一致的特征。

当然，在回访的人群中所占人数是最多的，是当年80%以上的没有任何规划的人，他们一般是工作几年之后，一旦衣食无忧就不再持续努力了。所以在他们中大多数人都只能长期作为一个平凡的职员、技术人员或销售人员，而不能取得非凡的成就，甚至还有不少人需靠政府的失业救济金勉强度日。

可见，就连从哈佛大学这样的世界名校毕业的学生都不能保证人生的成功，更何况我们这些普通人。

那我们如何才能成为像那4%一样拥有完美人生的"幸运儿"呢？关键就在于你对自己一定要有清晰的人生规划！

没有计划的人往往被规划掉，而用心规划的人生才更容易成功。

有这样一个故事：1944年，美国洛杉矶郊区的一个没有见过世面的15岁少年约翰·戈达德在"一生的志愿"表格上认真地填写了127个目标。这些目标包括：到尼罗河、亚马孙河和刚果河探险；登上珠穆朗玛峰、乞力马扎罗山和麦特荷恩山；骑上大象、骆驼、鸵鸟和野马；探访马可·波罗、亚历山大一世走过的道路；驾驶飞行器起飞降落；读完莎士比亚、柏拉图和亚里士多德的著作；写一本书……

写完后，他给每个目标编号说："这就是我的生命志愿，我要用自己的生命去一一完成！"

16岁那年，他和父亲到了乔治亚州的奥克费诺基大沼泽和佛罗里达州的艾佛格莱兹探险，他完成了表上第一个项目；

18岁的秋天，他踏着漫天落叶离开了自己的家乡；

20岁的时候，他成为一名空军驾驶员；

21岁的时候，他已经到21个国家旅行过；

22岁，他在危地马拉的丛林深处发现了一座玛雅文化的古庙。同年，他成了"洛杉矶探险家俱乐部"有史以来最年轻的成员……在亚马孙河探险时，他几次因船毁而落水，差点儿死去；在刚果河，他几乎葬身鱼腹；在乞力马扎罗山上，他遇到雪崩，甚至被凶猛的雪豹追逐。但在他将近60岁的时候，他已经实现了127项目标中的106项。这在一个普通人看来实在是一个奇迹。

"想赚1亿元的人和想赚100亿元的人，他们赚钱、花钱的方式肯定不一样；想攻读博士学位的人和一心盼着毕业就踏入社会工作的人，在学习的量和质上是一定会有很大差距的。"

这个差距的原因，就在于你是如何规划自己的人生的。当你有了规划，人生就不会迷茫。因为有了人生的规划，我们不仅会清楚自己现在所处的位置，更会清楚自己下一步所要迈出的方向。

8. 有做小事的精神,才有做大事的气魄

有句话是这么说的:千里之行始于足下。由此可见,任何伟大的工程都源自于一砖一瓦的堆积,任何耀眼的成功也都是从一跬一步中开始的。这一砖一瓦、一跬一步的累积,都需要我们以尽职尽责的精神去一点一滴地完成它。

成功的优秀人士大都是这样的人:高度责任心;工作态度表里如一、一丝不苟;永远抱有激情。他们的成功是一种透明的成功,没有半点虚假,没有半点水分。

全世界人都知道,姚明现在是NBA赛场上的英雄,身价上亿美元;白发斑斑的美国Viacom公司董事长萨默莱德斯通神采奕奕,永远年轻,他所领导的公司在美国拥有很大的名气;事业有成的比尔盖茨仍潜心凝神地工作,决意把微软的产品卖到全球每一个地方……在这里,他们的身份各异,或者是球星,或者是公司的董事长,但是仔细想一想,他们的态度却是如此惊人的相似:认真地对待工作,百分之百地投入工作,从来没有想过要投机取巧,从来不会耍小聪明。

工作就意味着责任,岗位就意味着任务。在这个世界上,没有不需承担责任的工作,也没有不需要完成任务的岗位。工作的底线就是尽职尽责。

坚守岗位,完成任务,这就是我们所说的岗位责任。假如你是公司老板,在分派任务的时候,你会信任这样的人吗?在提升职位的时候,你会首先考虑他们吗?当然会!这样的人无疑是能够准确无误完成任务的人。

任何一种工作做久了都会令人心生厌倦、感到没有出路。其

实，问题也许并非出在工作本身上，而是出在人的心理上。在工作中，永远都不要忘记随时调整心态，因为工作的突破取决于人对自身的突破。

有一个商场招聘收银员，经过筛选有三位女生参加复试。

复试是由老板亲自主持的，当第一个女生走进老板的办公室时，老板拿出一张一百元的钞票，要这位女生到楼下去给他买一包香烟。可是，这位女生认为自己还没有被正式录用，就被老板无端指使，在将来的工作中一定会有很多麻烦事，于是干脆地拒绝了老板的要求，气冲冲地离开了老板的办公室。

第二个女生走进办公室后，老板也拿出了一张一百元的钞票，要她去买一包香烟。这位女生很想给老板留下好印象，于是爽快地回答了。然而，当她到楼下买香烟时，却被告知这张一百元的钞票是假的，没办法，她只好用自己的一百元买了香烟，又把找来的零钱全部交给了老板，对假钞的事只字未提。

第三个女生也同样被要求去买香烟。当她接过老板递过来的一百元钞票时并没有转身就走，而是仔细地看了看钞票，马上就发现这张钞票可能有问题，于是很客气地要求老板另外再给她一张钞票。老板微笑着拿回了那张一百元钞票。就这样，第三位女生被录用了。

很多时候，人通过一件看起来微不足道的小事，或者一个毫不起眼的变化，却能实现工作中的一个突破，甚至改变命运上的胜负。所以，在工作中，对每一个变化，每一件小事我们都要全力以赴地做好。

阿基勃特是美国标准石油公司的一名小职员。他有一个习惯：在出差之中，每一次住旅馆都会在自己签名的下方写上"每桶标准石油

4美元"的字样,连平时的书信和收据也不例外,签了名就一定要写上那几个字。因此,他被同事起了个"每桶4美元"的外号。渐渐地,他的真名倒没有几个人叫。公司董事长洛克菲勒先生知道这件事后十分惊奇,心里想:竟有如此努力宣传自己公司声誉的职员,我一定要见见他。于是,他邀请阿基勃特共进晚餐。后来,洛克菲勒先生卸任后,阿基勃特就顺理成章地成了第二任董事长。

在签名的时候,署上"每桶标准石油4美元",这是一件非常小的事,严格来说,它不在阿基勃特的工作范围之内,但他全力以赴地一直坚持着,并把它做到了极致。尽管遭到了许多人的嘲笑,可是他始终都没有放弃的念头。

在嘲笑阿基勃特的人当中,肯定有不少人的才华与能力在他之上,可是,最后当上董事长的却是他。这是为什么呢?这是因为他能够认真地做好每项工作,并且不顾别人的眼光坚守自己原则。

美国青年克雷格·卡尔霍恩,年满12岁后,每年暑假都在父亲开的清污公司干活。父亲用一桶清洗液和一把钢丝刷,头顶烈日为儿子上了重要的一课:每一件工作都好比签名,你的工作质量实际上等于你的名字,只要脚踏实地埋头苦干,迟早会出人头地。

他按照父亲的教导,用钢刷蘸着清洗液把砖头洗得干干净净。后来,克雷格·卡尔霍恩在西南食品超市由包装工升为存货管理员,整天干着装装卸卸、摆摆放放这样细小麻烦的工作,但他却一丝不苟,乐此不疲。有朋友屡次劝他:"别把青春耗费在这种没出息的事情上!"他却不以为然,仍是坚守着自己的工作信条:工作无大小,干好当下每件事。

朋友认为他是个大傻瓜,一辈子也干不出什么名堂。然而,他却为自己干好了这桩谁都不愿干的工作而自豪不已，他相信父亲的话："只要自己不断努力，只要认真地做好每件事，上帝一定会眷顾你的。"果不其然，数年后克雷格·卡尔霍恩脱颖而出，成为拥有8家商店，一年总营业收入达5200万美元的老板！

在我们身边，很多人轻视小事，认为小事不值得做，因此为自己的工作留下了隐患。其实，工作中无小事。所有的成功者与我们一样，每天都在对一些小事全力以赴，唯一的区别是他们从不认为自己所做的事是简单的小事。

不要小看小事，不要讨厌小事，只要能够有益于自己的工作和事业，无论什么事情我们都应该全力以赴。实际上，用小事堆砌起来的事业大厦才是坚固的。

第二章

好好爱自己,接纳生命中的不完美

1. 每个人注定与缺陷一生相伴

完美主义的最大特点是追求完美,而这种欲望是建立在人认为事事都不满意、不完美的基础之上的。一个人若是过分追求完美,他就会陷入深深的矛盾之中。

要知道世上本无十全十美的东西,完美主义者却与生俱有一股的冲动,他们将这股精力投注到那些与他们生活息息相关的事情上面,努力去改善它们,尽量使其完美,并乐此不疲。但是在工作过程中,不完美此起彼伏,他们根本顾及不了那么多,最后在那股锲而不舍的冲动下只有认输。

正如硬币有正反两面,人也会有优点、缺点,没有谁能够成为真正完美的人,因此我们不要用短暂的光阴去盲目地追求完美。事实上,如果一个人要想实现完美,就好比大海捞针,结果只能徒劳无功。

人无完人，每个人都会有一些缺陷：外貌上的、性格上的、经历上的……当一个人懂得承认自己的不完美时，他也就真正地成熟起来了。

有一个男人，单身了半辈子，突然在43岁那年结了婚。新娘跟他的年纪差不多，但她以前是个歌星，曾经结过两次婚，都离了，现在也不红了。在朋友看来，他挺亏的，这不是一个好的选择，因为新娘身上的瑕疵太多了。

有一天，他跟朋友出去，一边开车，一边笑道："我这个人，年轻的时候就盼望着能开宝马车，可是没钱，买不起；现在呀，买不起，买辆三手车。"

他的确开的是辆老宝马车，朋友左右看看说："三手？看来很好哇，马力也足！"

"是的呀！"他大笑了起来，"旧车有什么不好？就好像我太太，嫁了两次，还在演艺圈工作20年，大大小小的场面见多了。现在她老了，收了心，没有以前的娇气、浮华气了，却做得一手好菜，又懂得布置家务。说老实话，现在真是她最完美的时候，反而被我遇上了，我真是幸运呀！"

"你说得挺有道理的！"朋友陷入沉思。

他拍着方向盘，继续说："其实想想我自己，我又完美吗？我还不是千疮百孔，有过许多往事、许多荒唐事。但正因为我们都走过了这些，所以两人都变得成熟，都懂得忍让，都彼此珍惜。这种不完美，正是一种完美啊！"

这位男士勇于承认自己的不完美，他不苛求爱人的完美，结果两个有瑕疵的人才能凑到一起，组成一个幸福的家庭。从某种意义上看,人就是生活在对与错、善与恶、完美与缺陷的现实中,我们既然能从自己非常优秀与完美的现实中受益,为什么就不能从自己的缺陷中受益呢?

缺陷或大或小、或多或少,人人都有。然而,面对缺陷,大多数人都会选择掩饰。掩饰缺陷也许是人的天性,毕竟能在大庭广众之下袒露自己缺陷的人,实属不多。因此,一个人袒露缺陷确实需要勇气,需要战胜自己的懦弱,战胜自己的虚荣,还要战胜世俗的偏见。而所有这些,没有超人的勇气是万万做不到的。

台湾著名画家刘墉在教国画的时候,经常发现有些学生极力掩饰自己作品上的缺点,他们因有时画得差,干脆就不拿出来了。遇到这种情况,刘墉会对他们说:"初学画总免不了缺点,否则你们也就不必学了! 这就好比去找医生看病,是因为身体有不适的地方,看医生时每个病人需要尽量把自己的症状说出来,以便医生诊断。交作业给老师,则是希望老师发现错误,加以指正,你们又何必掩饰自己的缺点呢? "

我们应该明白有缺陷并不是一件坏事,那些认为自身条件已经好到无可挑剔、不必改变现状的人,往往缺乏进取心,缺少超越自我追求成功的意志。相反,承认自己的缺陷,正确认识自己的长处与短处,却可以使我们处在一种清醒的状态中,遇事也容易做出最理智的判断。

在人世间,人是注定要与"缺陷"相伴的,而与"完美"却相去甚远。所以,不完美也是一种完美,把自己定位为一个不完美的人是豁达的、成熟的,更是智慧的!

2. 因为有了缺憾,我们才有梦想和希望

人人都追求没有缺陷的东西,但是在世界上绝对完满的事物几乎是不存在的。人生也有许多不完美之处,每个人都会有各式各样的缺憾。但人生的缺憾有其独特的意义,因为有了缺憾,我们才有梦,才有希望,而没有缺憾我们便无法去衡量完美。我们不能杜绝缺憾,但我们可以升华和超越缺憾,缺憾可以成为我们追求的某种动力。

人的缺憾是一种美。美真正的价值往往不在于它的完整,而在于那一点点的残缺,就如同缺失双臂的维纳斯,它能给人无限的遐想,而美也就在这样一种缺憾和遐想中变得极致了。

有一个故事,讲的是有个圆被切去了很大的一块角,它想让自己恢复完整,没有任何残缺,于是四处寻觅失落的部分。因为它残缺不全,只能慢慢滚动,所以能在路上欣赏鲜花,能和毛毛虫聊天,享受阳光。它找到各种不同的碎片,但都不合适,所以只能继续往前寻找。

有一天,这残缺的圆找到了一块非常合适的碎片,它开心得很。它把碎片给自己拼上,开始滚动。现在它是完整的圆了,能滚动得很快。但它发觉因为滚动太快,它看不到世界中的景象了,于是它停止了滚动,把补上的碎片丢在路边,又慢慢地滚走了。

雪峰是伟大的,因为那里常埋着登山者的遗体;峡谷是伟大的,因为有探险者的墓志铭;大海是伟大的,因为漂浮着樯橹的残骸;人生是伟大的,因为有无可奈何的缺憾。品味缺憾,犹如品味一串火红的辣椒,在你辣得酣畅淋漓的同时,你也享受了一份特有的

付出和满足。

贝多芬，在正值创作高峰时双耳失聪，这对一个以音乐为生的人来说是多么大的打击。当时的人们也纷纷表示惋惜，难道这少有的音乐天才就此湮灭在芸芸众生之中？但贝多芬就是在这巨大的缺憾面前产生了蓬勃的创作欲望，雄浑与悲壮的《第九交响曲》响彻了几个世纪，绵绵不息。其实，若他的音乐道路一帆风顺，他又会有缺憾过后的成就吗？

不完美是生活的一部分，拥有缺憾是人生另一种意义上的丰富和充实。我们只有放弃完美，才能树立起自信自爱的意识，才能真正地认识和确立自己的价值、选择和追求。人只有认识到自己的缺憾，勇于放弃不切实际的梦想而坦然的人，才可以说是完整的。

如果说人生是一本书，那么缺憾就是一串串省略号，在空白之处，蕴含着深刻的哲理；如果说人生是一幕音乐剧，那么缺憾就是一个个休止符，在无声之中，酝酿着新的活力。又或许，在一瞬间的寂静中，会凝聚起下一个乐章的序幕。

我们都知道柠檬又苦又酸，一点也不讨人喜欢，令人根本无法下咽。可是如果把它榨成汁，加上水，加上糖，倒入蜂蜜，就变成人人爱喝、生津止渴的柠檬汁。其实，如果上天给了我们一个酸苦的柠檬，那我们就想办法把它榨成柠檬汁吧。

一位住在弗吉尼亚州的农场主当初在买下这块地的时候不被任何人看好，因为这块地实在是太差了，既不能种水果，也不能养猪，只能生长白杨树和响尾蛇。别人都以为这块地一文不值，但是这位农场主想了个点子，把缺憾变成了资产。

他的做法让人很吃惊,他开始做起了响尾蛇的生意。他把从响尾蛇口里取出来的毒液送到各大药厂制造蛇毒血清,把用响尾蛇肉做的罐头销售到世界各地,把响尾蛇皮以很高的价钱卖出去,用来做女人的皮鞋和皮包。总之,虽然他的农场既没有种水果,也没有养猪,只是饲养响尾蛇,但他的生意却是越做越大,每年来这里参观他的响尾蛇农场的游客就有好几万人。

现在这位农场主所在的村子已改名为弗州响尾蛇村,这是为了纪念这位先生把"酸苦的柠檬"做成了"甜美的柠檬汁"。

不要期望上天赐给我们现成好喝的柠檬汁,事实上,上天总是处处用缺憾刁难我们,这让我们憎恨,却又无可奈何。你如果拿到了又苦又酸的"柠檬",不要抱怨,就自己想办法把它剖开、切片、榨汁,细细地加工处理,然后静静坐下来,好好享受历经千辛万苦才得到的宝贵柠檬汁吧。也正因为有了这个过程,你手里的柠檬汁才愈加珍贵、愈加香甜,而这时你会感谢上天给你的这个柠檬。

要培养能给你带来平安和快乐的心理,我们就要学会,当命运给我们一个柠檬的时候,我们要试着把它做成一杯柠檬汁,并且对它心怀感恩。因为如果没有柠檬,又哪里会有柠檬汁呢?人生不可能总是圆满的,正视缺憾,它或许会将我们带入另一片风景。做人最大的乐趣在于通过努力奋斗去获取我们想要的东西,所以有缺憾意味着我们可以进一步完美,有匮乏之处意味着我们可以再进一步。

是的,既然缺憾是无法避免的,我们就应该以豁达的心胸去包容它,用自己的智慧去驾驭它,将缺憾带给我们的痛楚化作舒筋活血的良药,用缺憾的丝带编织成庄严夺目的彩虹,彰显我们作为万物之灵的理智与笑对坎坷的从容。从现在开始,肯定每一次挫折与失败,肯定每一次成功与喜悦,勇敢地活在当下,永不言悔,你必将走出一条全新的人生道路,一条遍布阳光与风景、写意与轻松,通向成功彼岸的美好大道。

3. 学会欣赏厄运之美

歌德夫人曾经说过,我之所以高兴,是因为我心中的明灯没有熄灭。道路虽然艰难,但我却不停地求索我生命中细小的快乐。如果门太矮,我会弯下腰;如果我可以挪开前进道路上的绊脚石,我就会动手挪开;如果石头太重,我可以换一条路走。我在每天的生活中都可以找到高兴的事情。

但生命是不能被安排的。

一位疲惫的诗人去旅行,在出发后没多久,他就听到路边传来一阵悠扬的歌声,那是一个快乐男人的声音。

他的歌声实在太快乐了,像秋日的晴空一样明朗,如夏日的泉水一样甘甜。任何人听到这样的歌声,都会马上被感染,让快乐紧紧地包裹着自己。

诗人驻足聆听。歌声停了下来,一个男人走了出来,他的微笑甚至比他本人出来得更早。

诗人从来没有见过一个人笑得这样灿烂,只有一个从来没有经历过任何艰难困苦的人,他的笑容才能那样灿烂、那样纯洁。

诗人上前问候:"您好,先生,从您的笑容就可以看得出来,您是个与生俱来的乐天派,您的生命一尘不染,您既没有尝过风霜的侵袭，更没有受过失败的打击，烦恼和忧愁也没有叩过您的家门……"

男人摇摇头："不，您错了。其实就在今天早晨，我还丢了一匹马呢，那是我唯一的一匹马。"

"最心爱的马都丢了，您还能唱得出来？"

"我当然要唱了，我已经失去了一匹好马，如果再失去一份好心情，我岂不是要蒙受双重的损失吗？"

生命不仅仅是一种结果，更是一个过程。过程中难免要有一些暗淡的色彩，它们也许会给生命带来缺憾。但学会欣赏厄运之美，能使我们沉迷时变得清醒，软弱时变得坚强，颓废时变得积极，愁苦时变得欢乐。如此，我们对任何事也就可以拿得起，放得下，甩得开了。

有一位很有名气的心理学家，有一天，他在给学生上课时拿出一只十分精美的咖啡杯。当学生们正在赞美这只杯子的独特造型时，他故意装作失手，令咖啡杯掉在水泥地板上，摔了个粉碎。在学生们不断地发出了惋惜之词时，这位心理学家指着咖啡杯的碎片说："你们一定对这只杯子感到惋惜，可是这种惋惜无法使咖啡杯再恢复原形。所以今后在你们的生活中如果发生了无可挽回的事情时，请想想这只破碎的咖啡杯。"

如果不幸已经发生，那么就去接受不可改变的现实吧，即使再不情愿，也要及时收住自己错误的脚步，去寻找新的方向。记住，事情已经发生，如果不能改变它，那么我们要做的就是接受它。

汶川地震发生后，位于成都的四川大学华西医院成了众多震灾重伤员的家。

躺在床上的何纯涛保持着单纯的笑容,她的笑,没有丝毫做作和心机,透明得如同她的名字。这么明亮简单的女孩,应该正享受着青春的欢娱。只是,她躺在床的中间,枕头离床头还有一个枕头的距离,她的双腿没了。

"感觉好些了,只是换药时有点痛,明天就要进行第二次手术了。"依然是甜甜的笑容,似乎被截去双腿并不是什么大不了的事。

22岁的何纯涛从泸州化工职业技术学院毕业,在什邡一家公司从事工业分析与检验。5月12日下午,何纯涛准备去上班,刚走出宿舍门,地震就发生了。一根横梁带着垮塌的建筑狠狠地砸在她的双腿上,压得她无法动弹。幸运的是,楼梯间罩在她的头上,正好形成一个小空间,让她可以呼吸。直到14日下午,何纯涛才获救,但她的双腿被重压了两天,肌肉坏死。四川大学华西医院只得无奈地对其进行了截肢手术。

"比起其他不幸的人,我已经算是幸运了。我有三个好朋友,大家天天一起玩一起吃的,有一个今年1月份刚结婚,但她们都不在了。毕竟我还活着,我还有未来。"何纯涛说。

"以后,能站起来,就是我最大的愿望,我有信心面对生活。医生跟我说,我可以装假肢。我的生活可以自理了,我还想继续做自己的专业。而且,我还想结婚呢!"

不要逃避不幸的感觉,也不要逃避现实的生活。当不幸来临时,去感受它。当不幸漂流时,不要再抓紧它,让它成为真正的过去,这样才能快乐地生活!

生活中的种种不幸和磨难是不能绝对避免的,但是,当我们不得不面对残酷的命运时,只要你心里充满阳光,所有流汗淌泪的日子也会灿烂如花,种种苦涩都会化为唇边云淡风轻的一抹微笑。

4. 把"尽力做好"改成"尽力去做"

有位心理学专家曾经有一项调查，作为研究工作效果和情绪健康的一个环节，向150名每年收入1万至15万元的推销员提出一系列问题，结果发现，他们之中约有40%的人是属于追求完美的人。可以预料的是，这40%的人所受的压力，比其他那些不追求完美的人要大得多。但他们的成就是否更大呢？

说来奇怪，答案却是否定的。这些追求完美的人在生活中经常感到焦虑和沮丧，可是没有任何证据显示他们的收入比其他的人高。

很多人在做事时答案是"尽力做好"，这四个字是他们渴望取得成功的心理根源所在。

但"尽力做好"有个误区，这种误区心理会使你既不能尝试新的活动，也不能欣赏目前的活动。

一位曾经在北大自修的女学生，她名叫卢安，满脑子都是想要成功的概念。她是个标准的全优生，踏进校门以来就一直如此。她每天花大量的时间拼命读书、做作业，因而没有时间过自己的生活，她简直就是一架储存书本知识的计算机。卢安羞于和男孩子接触，长到这么大还从未同男孩子拉过手，更别说约会了。

后来他去咨询心理医生，在询诊之后，她开始重视自己的情感，她用学习课程的顽强精神来学习新的思维方法。

一年之后，卢安的妈妈说她女儿在英语考试中有生以来头一次得了个60分，她非常担心。但心理医生告诉她，这是件大好事，正说明她女儿在其他方面开始有所用心，说明她在全面发展，当妈妈的应该带她到饭馆里好好庆贺一番。

我们必须研究一下，为什么追求完美的人特别容易情绪不安，为什么他们的工作效果会受到损害？其中一个原因就是，他们以一种不正确和不合逻辑的态度看人生。

追求完美的人最普遍的错误想法就是，认为不完美毫无价值。譬如说，一个每科成绩都取得甲等的学生，由于在一次考试中有一科得了乙等成绩，就大感沮丧，认为那就是失败。这种想法以至于他在追求完美时害怕犯错，而且他们一旦犯错后又往往不能及时做出反应。

还有很多人的误解是相信错误会一再发生，认为"我永远都不能把这件事做对"。追求完美的人不会自问能从错误中学到什么，只会自怨自艾，说"我真不该犯这样的错，我绝不能再犯了！"这种自责态度导致他们产生一种受挫和内疚的感觉，使他们重复犯同样的错误。

为了帮助追求完美的人戒除这个心理习惯，在北大哲学课上，一位教授请学生们列出追求完美的好处和弊端。

一名法律系学生只举出一个好处："这样做有时会得到优秀成绩。"

接着她列出六个弊端："第一，它令我神经非常紧张，以致有时连普通成绩也拿不到；第二，我往往不愿冒险犯错，而那些错误却是创作过程中所必然会发生的；第三，我不敢尝试新的东西；第四，我对自己有诸多苛求，会令生活失去了乐趣；第五，由于总是发现有些东西未臻完美，因此我根本不能松弛下来；第六，我变得不能容忍别人，结果别人认为我是个吹毛求疵者。"

根据她这个利弊分析,教授认为这名学生若放弃追求完美,生活可能会更有意义和更有成就。

是的,事事追求完善、都要拼命做好,这会使你自己陷入"瘫痪"之中。不要让尽善尽美主义妨碍你参加愉快的活动,你可以试着将"尽力做好"改成"尽力去做"。因为尽善尽美这一概念并不适用于人,它也许只适用于上帝。而你作为一个人,不必以这个标准来衡量自己的行为。

你如果有孩子,不应要求他事事都努力做好,因为这种要求会使小孩产生精神瘫痪式的怨恨情绪。"尽力去做",要比"尽力做好"更为重要。例如,你教小孩打排球,而不是让他们站在一旁说"我不行"。鼓励他们试一试,或让他们试着参加滑雪、唱歌、画画、跳舞等等活动,不要一开始就教孩子们去竞争、去努力甚至去尽力做好,相反,你应在孩子们重视的那些活动方面培养他们的自信、自豪和兴趣。

想一想托马斯·爱迪生,如果他以某项工作的成败来衡量他的自我价值,那么他在第一次试验失败之后就会认输,就会宣布自己是个失败的探索者,并停止用电灯照亮世界的努力,而他并没有认输,且最终获得了成功。失败是成功之母,它可以激励人们去努力、去探索。如果失败指出了成功的方向,人们甚至可将其视为成功。

你也可以用反躬自问的方式来抗拒追求完美的思想,例如,问问自己,"我从错误中可以学到什么?"你可以做个实验,想想你犯过的一项错误,然后把从中得到的教训详细列出来。千万别放弃犯错的权力,否则你会失去学习新事物以及在人生道路上前进的能力。

正如有一位作家说的那样:"我最近修改了一些名言,其中之一便是将'一事成功,事事顺利'改为'一事成功,事事失败',因为我们从成功中学不到任何东西。唯一给我们教益的其实便是失败。成功仅仅坚定我们信念。"我们不是鼓吹放弃努力奋斗,不过,事实上你也许会发现,在你不是追求出类拔萃的成就而只是希望有确实良好的表现时,反而可能会获得一些最佳的成绩。

5. 忽略缺陷,努力争取成绩

世上的事常常不止有一种答案,对于很多事的判断都不能简单地归结为这个好,那个不好。我们在日常的生活和工作中,由于长期以来所受的教导和固有的观念,在遇见各种情况时总是以别人为参照物,不从自身入手,检查自己有什么地方没有做好。

人与人不一样,当我们做得和别人一样时,结果是不是就代表着最好的呢?是不是就适合自己呢?

国王有七个女儿,这七个美丽的公主是国王的骄傲,她们那一头乌黑亮丽的长发远近皆知,国王送给她们每人一百个漂亮的发夹。

有一天早上,大公主醒来,一如往常地用发夹整理她的秀发,却发现少了一个发夹。于是她偷偷地到二公主的房里,拿走了一个发夹。

二公主发现少了一个发夹,便到三公主房里拿走一个发夹;三公主发现少了一个发夹,也偷偷去拿了四公主的一个发夹;四公主如法炮制拿走了五公主的发夹;五公主一样拿走六公主的发夹;六公主只好拿走七公主的发夹。于是,七公主的发夹只剩下了九十九个。

　　隔天,邻国英俊的王子忽然来到皇宫,他对国王说:"昨天我养的百灵鸟叼回了一个发夹,我想这一定是属于公主们的,这真是一种奇妙的缘分,不晓得是哪位公主丢了发夹?"

　　公主们听到这件事,都在心里说:"是我丢的,是我丢的。"

　　可是她们头上明明完整地别着一百个发夹,所以都只能懊恼,却说不出。只有七公主走出来说:"我丢了一个发夹。"

　　话才说完,七公主一头漂亮的长发披散了下来,王子不由地看呆了。故事的结局,当然是王子与七公主从此一起过着幸福快乐的日子。

　　如果说前六位公主的一百个发夹代表着一种圆满、完美的人生,那么七公主少了一个,她的人生也就等于有了缺憾,但是事实上,得到幸福的正是她。正因为这种缺憾的存在,让未来产生无限的可能性、无限的意外。

　　"金无足赤,人无完人",既然每个人都有缺点、毛病、缺陷,那么我们何不忽略这一切,或是干脆将所有的欠缺化作特色,活出自己的棱角和个性,演绎出自己的那份精彩。其实,拥有了这样的心态,也就等于拥有了处事的精炼豁达以及宠辱不惊。

　　无须去抱怨上天没有把我们塑造得完美无缺、无懈可击,因为完美并不意味着"一切都会好",相反,缺憾也并不意味着不能获得成功、获得好人生,凡事是没有绝对的。

　　人们常说一句话是:失败并不可怕,可怕的是自己不敢面对失败。而对于缺陷,我们要说的是:有缺陷并不可怕,可怕的是一个人总也忘不了自己的缺陷,总是斤斤计较,将不足放在心上,而不懂得回避它、忽略它,乃至遗忘它。

美国前总统富兰克林·罗斯福在8岁时是一个非常脆弱胆小的男孩,他脸上的表情总是惶恐的,他的呼吸就像跑步后的喘气一样。一旦被老师叫起来回答问题,他立即就会双腿发抖,嘴唇不停颤动,回答得含糊不清,最后只能重新坐下来。此外,因为长有一口龅牙,他也不讨人喜欢。

换成其他的孩子,一定会对自身的缺陷十分敏感。但富兰克林·罗斯福却从不自我怜惜,他始终保持着积极乐观的心态和奋发进取的渴望。他的自信激发了他无限的奋斗精神,他天生的缺陷促使他明白自己更应该努力奋斗。

他从不因为同伴的嘲笑而减少勇气,他喘气的习惯逐渐变成坚定的声音,他努力咬紧牙床不让嘴唇颤动,他用坚强的意志克服着自己的紧张。他不因自己的缺陷而气馁,甚至加以利用。就是凭着这种奋斗精神,凭着这种积极心态,他终于成为了美国总统。

在他晚年的时候,已经没有人再关注他曾有过的严重缺陷了。他用自己的人格魅力赢得了美国民众的爱戴,成为了美国第一位最得人心的总统,而这种情况在美国的历史上也是前所未有。

罗斯福用他的骄傲和成就,彻底战胜或是说摆脱了自己的先天缺憾,就像经典电影《阿甘正传》的男主角一样。阿甘确有他不如人的地方,但他因缺憾所产生的独特性却也是非常珍贵的。并且,抛去缺憾不提,在他所擅长的领域,他甚至做得比一般人更加出色。

阿甘克服了腿脚的缺陷,靠奔跑改变了命运,靠奔跑做出了许多不可思议的壮举;罗斯福则因为天生的缺憾,促使他比别人付出更大的努力,去赢得别人的尊重和赞赏。而当他们都做到了自己想做的,并取得了骄人的成就后,曾经的缺憾也从此变得不再重要了,人们看见的只是他们头顶笼罩的光环。

当一个人在面对困境、危难的时候，更为关键的是学会把劣势转化为优势，这往往能够令人绝处逢生、平稳地渡过难关。

当阿诺德·施瓦辛格成为一名职业演员的时候，他有一个弱点：浓重的奥地利口音。但是当奥地利口音和他扮演的动作英雄的魅力混合在一起出现在屏幕上的时候，他的弱点变成了优点。口音成为他所塑造的人物的一个特征，人们开始纷纷仿效。

在美国电视台的一个节目中曾出现一个杰出的踢踏舞舞者，他被称为"木腿贝茨"。贝茨在早年失去了一条腿，这样的弱点会令大部分人放弃成为职业舞者的梦想。但是对于贝茨来说，失去一条腿不是他的弱点，因为他把这种弱点变成了一种优势。他把一个踢踏板安装在木腿的底部，借此发展出一种切分音式的踢踏舞风格，而他也因此在演出中脱颖而出。

美国励志大师史蒂克·钱德勒早年的一个弱点是同别人谈话时有障碍。他对自己同别人交谈的能力没有自信，因此养成了给别人写信和写便条的习惯。但熟能生巧，过了一段时间后，他竟成了写信和写便条的高手，他把弱点转化成了能力，他写的信和便条拓展了他的关系网。

我们的所有弱点都是可以转化的，只要用足够的时间来思考它。一旦我们真正开始思考自己的弱点，弱点就很可能变为长处，种种创新的可能性将不断地涌现出来。

任何人只要愿意控制自己的弱点，愿意接受积极思想，就能够使自己的弱点发生变化。

畅销书作家兼名嘴傅佩荣在上小学时，隔壁搬来的新邻居家中的小孩说话口吃,他觉得好玩就跟着说,没想到自己因此而成为严重的口吃者。

后来,傅佩荣上课很害怕被老师叫起来回答问题,因为他每回总是面红耳赤,支支吾吾地说不出半个字,惹得全班哄堂大笑。别的班的小朋友知道了,还捉弄他邀他去他们班上演讲。

为了维持自尊,傅佩荣非常认真地念书,用功课来弥补口吃的缺憾。他说:"口吃的毛病曾让我非常自卑,却也同时启发了我,在其他地方证明自己的价值。"

从小学三年级到高中,傅佩荣就这样生活在口吃的阴影下,直到高二时才去参加口吃矫正班,慢慢地学习说话技巧,而一直到耶鲁大学念完了博士,他才彻彻底底改掉了口吃的毛病。

傅佩荣在不断克服自己口吃的缺点的同时,努力提高自己的学识和修养,终于成为"名嘴"。

每一个人都有弱点。不同的是,一般人让弱点成为羁绊,一事无成;成功者却能克服,甚至开发自己的弱点,把弱点转化为优点。世界是公平的,绝不会因为一个人身体的缺陷而剥夺他的成功与幸福,也不会因为一个人性格的腼腆而掩盖他的荣耀和风采。每个人都有着相同的机会,而成败的关键在于我们是否有信心、有毅力去把握它。

那么,要怎样来克服自己的弱点,使自己的整体素质得到升华呢?

第一是学会如何正确看待自己的弱点。我们不能将自己的弱点与自我想象的弱点混为一谈。大多数有自卑感的人总是把注意的焦点放在自己的弱点上,把弱点进行夸大,以为其他人都注意自己的这些事,而事实并非如此。

改变,无论是谁,这一决定权在我们自己手中。一旦我们选择突出自己的长处和优点,自卑感便会消失,一种强有力的能力便会取代我们的缺陷和弱点。

第二是要有积极的心态,它往往能使一个人将自己的弱点积极地转为最强的部分。这种转化的过程有点类似焊接金属,一片金属在破裂后经过焊接,它反而比原来的金属更坚固,因为高度的热力使金属的分子结构更为严密了。

另外,克服弱点要防止气馁。我们性格中有一种普遍的弱点——气馁。气馁会导致失败,但如果我们能多坚持一下、多努力一下,那么气馁就会被控制,而结果可能会完全不同。

6. 心态是美的判断标准和依据

美的感觉,就像幸福的感觉,每个人内心都有一套自己的评判标准。正所谓:有一千个观众,就有一千个哈姆雷特。女作家夏绿蒂在她的小说《简·爱》中也曾说过:"美与不美,全在看的人的眼睛。"

正因为人的这种主观性,才出现了"萝卜白菜各有所爱""情人眼里出西施""西施眼里出英雄"的现象。

19世纪40年,在英国伦敦有一个叫伊丽莎白·芭莉特的女诗人。她写的诗打动了很多人,很多人都来慕名求见她。

但是,芭莉特实在不是人们通过她的诗想象出来的美女,甚至连普通都谈不上。她身躯娇小,瘦得皮包骨头,而且还个瘫痪病人,终年卧床不起。所以,她闭门不出,从不去见那些追求她的人,到了40岁,还是个待字闺中的老姑娘。

而一位名叫白朗宁的年轻小伙子却不可救药地爱上了她,他爱她的诗,爱她的灵魂。经过几个月的书信来往,他们终于见面了。

见面的那一天,白朗宁由衷地说:"你真美,比我想象的美多了!"

为什么同一事物在不同人的眼里有不同的反映呢?这是由于每个人受限于社会地位、思想修养、文化水平等,或者受年龄、性别、教育方式等的影响,对同一事物的反映会有差异。简单地说,这种差异是人的主观性造成的。

比如,一只小狗,有的人见了说:"瞧,毛茸茸的,多可爱啊!"也有人说:"到处撒尿拉屎的东西,丑死了。"这审美观点的不同,导致一些人眼里的美女,在另外一些人眼里也就是普通人儿;而一些姿色平庸的人,在另外一些人眼里却具有非凡的魅力。

这种带有个人的主观性,在时代的变迁上也体现的较为明显。比如,在以"胖"为美的唐代,《旧唐书》里曾有关于杨贵妃的记载:"太真姿质丰艳",意思是杨贵妃比较丰腴。而在流行骨感美的现代,体重在标准线以下的女孩们,都一头扎入了减肥大潮。

在古代选美女的时候,标准不在脸蛋上,也不是时下流行的三围,而是一双莲足,也就是小脚。看过《水浒传》的人大概都记得西门庆在俯身拾筷的时候,趁机摸了摸潘金莲的脚这一细节吧。由此也可见,"三寸金莲",是古代一个女人最美的地方。

哲学家罗丹说:"美到处都有,对于我们的眼睛,不是缺少美,而是缺少发现!"

参加残奥会的人都是身体有缺陷的,从外表去看,他们也许给人的第一印象是身有残疾,但当他们站在运动场上,为自己的梦想努力拼搏的一刹那，人们会发现他们是最美的、世界上最可爱的人。

是他们的样子变了吗？不，是人的审美观变了，是人的心态变了。

苏东坡曾因佛印批评自己的诗词而耿耿于怀。一次，两个人在一起打坐，苏东坡问："你看到了什么？"佛印说："我看到了佛。"苏东坡想借机羞辱他，就说："我看到了狗屎。"

苏东坡心里很是痛快，回家后迫不及待地告诉了妹妹苏小妹。妹妹听了后，反说："哥哥你好可怜！因为你心中有什么，你就会看到什么。佛印心中有佛，所以眼中看到的就是佛，而你却看到了一堆狗屎，那你心中又是什么呢？"

明白了吗？美，是一种选择，也是一种态度。是美还是丑，很多时候取决于你的心境，而不是事物本身。

人的一生，就像一趟旅行，沿途中有数不尽的坎坷泥泞，但也有看不完的美景。如果我们的心总是被灰暗的风尘所覆盖，而干涸了心泉、黯淡了目光、失去了生机、丧失了斗志，我们的人生轨迹岂能美好？

你用灰暗的心去看待生活，生活给予你的就是一连串的失望，如果你浪漫地解释生活，你就会发现生活其实并没有把你逼得走投无路，它还在你身旁布满了惊喜。多点自我安慰，少点绝望，这才是我们面对生活可取的态度。这样，我们才可以看到另外一番美丽的风景。

7. 最美的自己永远是由内而发的

聪明的人不会让那些外在的亮丽遮掩住自身内在的魅力。因为，最美的自己永远是由内而发的，除去那些外表的修饰，你拥有的是一颗更加丰富的心。

美好的心灵来自善良的内心，它让人们肃然起敬。它不光愉悦了自己，还给别人带来了欢乐。心灵美是一种素质，这种素质可以从他对人生、对社会、对他人以及对自己的思想感情和态度中得到体现，往往也能从这个人极其平常的一言一行中得到充分体现！让旁人看得清清楚楚。外在美往往能迷惑的是人的眼睛，而内在美却可以深深打动人的内心。

内在美是善良、有爱心，是一腔能包容天地的博大胸怀。内在美是豁达乐观和有朝气，是勤劳勇敢和坚韧不拔，更是拥有知识才学和追求的人。每个人对内在美都会有不同的解释，我们也许无法做到完美，但我们会努力地去追求。

中国古代的四大美女中，貂蝉有闭月之容，杨贵妃有羞花之貌，西施有沉鱼之颜，然而最美的当属王昭君。因为她不仅拥有有落雁之美，还兼有一颗悲悯之心。

传说王昭君在去匈奴和亲的途中，因太思念家乡便唱起歌来，天上的大雁听见了如此美妙的歌声，便都低头看去，发现是一位貌美如花的女子。故此，大雁竟忘记挥动翅膀，掉落在地，这就是所谓的落雁之美！

王昭君的美丽不仅仅是外在的。她在出塞后，给匈奴人民带去了粮食种子与文字，并教他们如何耕种、如何使用农作道具、如何看书写字。美丽的昭君在匈奴百姓的眼里简直就像仙女下凡，她因善良和文雅得到了更多匈奴百姓的爱戴。

王昭君用她的美阻止了两个民族的战争，她给百姓带来了和平安宁的生活。并且她用一生的努力，使两个民族和好了六十多年。可以说，王昭君改变了整个匈奴，就如庞天舒的一句话所说："这世间，只有女人的胸襟，可以融化战争的刀林箭丛与铮铮铁蹄。"当然，这种宽广的胸襟，是一种无言的美。

杨澜是大家都非常熟悉的，她是集媒体、商人、社会活动家于一体的当代著名成功女性。她精于时尚，拥有自己设计的珠宝品牌，在任何场合，她都以干练精致的着装出现。同时，她才华横溢，由内而外散发着睿智与知性。在她主持"天下女人"时，甚至连被采访者都觉得，她是那么亲切、和蔼与乐观的，她拥有着一副让在场的"天下女人"都唏嘘的一面。

杨澜早在1997年就投身公益事业，在1997年她写的书《凭海临风》出版后，就把第一笔稿费30万元捐给了希望工程，从此也与公益结下了不解之缘。她曾担任过国内各种大型公益活动的形象大使，比如，环保大使、中华慈善总会慈善大使、义务献血形象大使、绿色大使等。她乐此不疲地频繁出席各种公益活动，甚至免费代言了无数的公益广告。她将"阳光媒体投资"权益之51%无偿捐赠给社会，建立"阳光文化基金会"。近几年她又设立"汶川大地震孤残儿童救助专项基金"。除了身体力行，她和丈夫吴征先生更是经常慷慨解囊，资助各个慈善机构和个人，比如，他们赞助"母亲水窖"等工程。她到哪里都不会忘记宣传慈善的力量，从最初零星地帮助贫困者,到成立"阳光文化基金会",再到将阳光媒体投资集团权益的51%无偿捐献给社会。慈善对于杨澜,由"兴起的善心"变成了一种生活方式。

美如果只存在于人的心灵世界、内部世界,就没有办法广泛和迅速地感染人,而形不成影响,是称不上有魅力的。美不是静止的存在,它存在于人和人的沟通交往中。内在美如果不能冲破心灵的藩篱,对外开放,有鲜活的表现,形成外在美,它就只有孤芳自赏了。

如果将美比喻成一棵树,那么内在美便是树根,外在美便是树叶、树枝。树不可无根,树也不可无叶无枝,内在美和外在美因这种关系而相互依从。因而,真正的美是兼具二者的美。

东西也好,人也罢,如果只有外在美,则只是金玉其外,败絮其中,这样的美转瞬即逝;而如果只有内在美,则很难在第一时间被人发现,需要较长的时间让人慢慢去品味,有时候往往在别人发现之前,就被埋没了。

哲学家培根曾经说过这样一句话:"把美的形象与美的德行结合起来吧!只有这样,美才会放射出真正的光辉。"由此可见,内在美和外在美的结合才是最好的。外在美是基础,内在美是美的升华,而这两种的统一之美不会随着时间的流逝而烟消云散,是美的极致,是永恒的美。我们要勇敢地展现自己,在开放的状态中展现美,因为美将使人与人之间的沟通变得更顺利愉快。

8. 摆脱完美主义枷锁

完美主义是一种人格特质，也就是个性中具有凡事追求尽善尽美的极致表现的倾向。

在日常生活中，我们很容易看到完美主义者的各种表现：

如有的人不允许自己在公共场合讲话时紧张，一到发言时就拼命克制自己的紧张，结果越发紧张，形成恶性循环；

有的人不允许自己的工作仅仅是一般，他们一定要做得最好，可事实是经常把自己累得够呛，工作却未必如想象的那样好……

完美主义自测

那么，如何判定你是一个完美主义者呢？看看以下几个在北大哲学课上关于完美的问题：

1）当你在工作的时候，别人说话或打岔时你的注意力是否会被破坏，并且由此你感到愠怒？

2）当你在计划购物时，你是否不想理睬对你促销的人，而是去找一些你需要的信息然后再作定夺？

3）你是否对那些随随便便的人感到非常厌恶，并且暗自批评他们对自己的生活太不负责？

4）你是否不停地想，某件事如果换另一种方式，也许更加理想？

5）你是否经常对自己或他人感到不满，因而经常挑剔自己所做的任何事或他人所做的任何事？

6）你是否经常顾及别人的需求，而放弃你自己的需求和机会？

7）你是否经常认为干任何事都需全力以赴的，却又常常希望你自己能够再轻松些？

8）你是否常常在心里计划今天该做什么明天该做什么？

9）你是否经常对自己的服装或居室布置感到不满意而时常变动它们？

10）你是否不断地为别人没能一次就把事情做好，而亲自去重做这项工作？

这些问题，若你都回答"是"，无疑你与完美主义者相去不远。

完美主义的副作用

1）增加压力

崇高目标意味着增加心理压力，一个人在出现失误时，容易产生自我恐惧，反对来自别人的帮助，不愿接受事实。"完美主义是一种美德，一定要做到最棒，"加拿大西三一大学的心理学教授弗莱说，"但是超过一定的门槛，必然事与愿违，变成一个障碍。"

完美主义倾向由两个组成部分：积极的方面，包括像高标准完成自己的事情；消极的方面，它涉及诸如疑虑、对错误的过分关注和感受别人的压力等，都是完美主义的有害因素。

2）失去控制

完美主义者在正常情况下表现得比较有耐性有理智，但在压力下则会完全失去控制。

3）缩减寿命

弗莱和她的同事最近考察完美主义和死亡之间的整体风险的关系。这项研究是选取了450名从65岁到71岁之间的老年人，评估他们的完美主义和其他人格特质水平，并给他们打分。结果显示，得分高的完美主义者比得分低的人，其死亡风险增加了51个百分比。

研究人员怀疑压力和焦虑可能是导致他们寿命减少的部分原因，当然也有可能会与他们出现的慢性疾病有关。

4)顽固追求

社会的支持是身体健康的一个重要指标。如果你喜欢与人交往,有良好的家庭生活,有牢固的友谊,你会更健康。完美主义者往往与其他人脱节,生活枯燥,缺少情趣,追求的目的不易改变,内心的压力得不到调解。

摆脱完美主义"枷锁"

下面是摆脱完美主义"枷锁"的一系列方法,试着去做,从此改变你的人生。

1)要想战胜完美主义,第一步最好从动机开始着手。请列出追求完美的好处和坏处,也许你会惊奇地发现,这样对你的确没什么好处。只要你能明白追求完美在实际上弊大于利,你就会更坚决地放弃它。

2)你可以做一些试验,以验证一下追求完美主义是否有好处。

和许多人一样,你可能会想:"如果不追求完美,我还是个人吗?我又怎么能把事情做好?"要想知道真相的话,你可以做个试验。你可以将自己在各种情况下的标准分为3个级别——高标准、中标准和低标准,然后你可以试着降低标准,看看自己的表现是否真的会随之降低。

其结果可能会让你大吃一惊。你总会发现,降低标准后,你不仅会更欣赏自己的表现,而且你的发挥还会更出色。

3)如果你是一位有强迫症的完美主义者,你可能会认为,如果不追求完美,你就无法充分地享受生活,也找不到真正的快乐。

要验证这种想法,你可以使用"反完美主义表"。你可以列出许多活动,例如刷牙、吃苹果、林中漫步、修整草坪、晒太阳、写工作报告等等,然后记录下你从这些活动中实际获得的满意程度。估计一下自己完成每项活动的完美程度,用0%~100%之间的数字来表示;同时还要用0%~100%之间的数字去记录每项活动的满意程度。这样做可以帮助你打破"完美"和"满意"之间的错误联系。

4)学会战胜恐惧。你可能没有意识到,在完美主义的背后始终都有恐惧的影子,而它会强迫你精雕细琢以求完美。

有一种方法可以帮助你应对这种恐惧并战胜它,这就是"反应阻止法"。它的基本原则简单明了。你需要反抗这种追求完美的习惯,绝不能屈服,但可以想那些让你焦虑害怕的问题。不管你有多么紧张,都一定要坚持,绝不能屈服。你的心会悬在半空中,最后紧张到了极点。这一阶段最长也许需要几个小时,最短可能只需10~15分钟而已。等这段时间过去后,强迫性冲动将会开始减弱,最后完全消失。你赢了!你战胜了这种强迫性的恶习。

5)承担生活责任,你需要给所有的活动设置严格的时间限制,只需一个星期即可。这样可以帮助你改变心态,使你能够投入到多姿多彩的生活中并学会享受。

6)如果你是个完美主义者,你很可能会有拖延症,因为你总坚持尽善尽美。实际上,快乐的秘诀在于设置简单可行的目标。给每项活动都规定一个时限,等时间一到,不管事情有没有做完都要放下,立刻开始做下一项工作。假如你练钢琴,有时可以弹几个小时,但有时一分钟也弹不了,那你应该规定每天只弹一个小时。

7)你肯定很怕犯错!但犯错没有什么好怕的。告诉自己,一个人如果不敢冒险,他就永远都长不大。要想战胜完美主义,最有效的方法莫过于学会犯错。

8)如果你有完美强迫症,你肯定会总盯着自己的短处。你老是盯着自己还没做的事,从而就会忽略了你已经做的事。如果你穷其一生都在盯着自己的错处和过失,你就会很自卑!

有一种简单的方法可以将这种习惯扭转过来。你可以使用高尔夫计数器，每天只要做了一件正确的事，就按一下计数器。一段时间后，你就改变了自卑的毛病。

9）学会吐露心声。如果你在某种情况下会感到紧张自卑，那么就找个人说说吧。不要掩盖事实，你告诉别人，自己在哪方面觉得无能为力。或者，你可以向对方请教如何才能提高。如果他们因为你有缺点而排斥你，那就随他们好了，不要放在心上。你可以再找其他人。不要将他人对你的轻视放在心上，就像你也不要将他人的问题总放在你心上一样。

10）还有一个战胜完美主义的方法是"贪婪法"。这种方法基于一种原理——我们大多数人之所以苛求完美，是为了比别人强。可你有没有想过？如果你降低标准，你可能会更成功。那么，你如何才能运用好这种方法呢？可以假设你正在做一项任务，但进展却很缓慢。在你觉得你的效率几乎越来越低时，你最好转头做下一项任务。

第三章
我比谁都相信，努力奋斗的意义

1. 不幸是强者的垫脚石

人的一生中，有阳光明媚的白天，也难免有凄风苦雨的夜晚。当不幸降临时，我们可以选择蜷缩在角落哭泣，也可以用坚强的心给自己点上一盏明灯。

世界上没有迈不过去的槛儿，即使是喜马拉雅山，也有人可以站在山顶征服它。不幸也好，困境也好，对于没有足够勇气挑战它、没有足够毅力征服它的人来说，是一道不可逾越的高墙；而对于有着坚强内心的人来说，它更意味着一道门，推开它能通往人生崭新的境界。

的确，不幸的降临会让人感到委屈和沮丧，但委屈和沮丧之后，不要忘记要努力地去和不幸抗争。不管怎样，我们要认清楚这样一个真理：无论生活是公平的还是不公平的，我们都应该坚持自己给自己公平。是的，没有人能解救我们，真正能把我们从不幸中解救出来的只有自己一颗坚强勇敢的心。

海伦·凯勒在一岁半的时候因发高烧差点丧命。她虽幸免于难,但她再也看不见、听不见,接着她又丧失了语言表达能力。万幸的是,她不是个轻易放弃的人。

她去触摸、去嗅各种她能碰到的物品。她在模仿别人的动作后很快就能自己做一些事情,例如挤牛奶或揉面。她甚至学会靠摸别人的脸或衣服来识别对方,她还能靠闻不同的植物和触摸地面来辨别自己在花园的位置。

海伦靠手指来感受家庭老师莎莉文小姐的嘴唇,用触觉来领会她喉咙的颤动、嘴的运动和面部表情,她甚至在听不见的情况下学会了说话。最终她凭借自己的努力考入了美国哈佛大学的拉德克利夫学院。在大学学习时,许多教材都没有盲文本,她要靠别人把书的内容拼写在手上,因此海伦在预习功课的时间上要比别的同学多得多。

就在这黑暗而又寂寞的世界里,海伦以优异的成绩毕业,成为一个学识渊博,掌握英、法、德、拉丁、希腊五种文字的著名作家和教育家。她的《假如给我三天光明》一文感人至深。之后,她走遍美国和世界各地,为盲人学校募集资金,把自己的一生献给了盲人福利事业和教育事业。她赢得了世界各国人民的赞扬,并得到许多国家政府的嘉奖。有人曾如此评价她:"海伦·凯勒是人类的骄傲,是我们学习的榜样,相信众多的有疾病而聋、哑、盲的人都能在黑暗中找到光明。"

海伦·凯勒有一颗坚强、乐观的心,尽管在她的生命中有过很多不幸,但她并没有向命运屈服。她以自强不息的奋斗告诉我们:不管遇到什么样的不幸,我们都要用坚强的心向命运发起挑战,要用自己的肩膀和双手将自己从不幸中解救出去。

那些将不幸打败,并最终走向平坦大道的人会告诉你:不幸并没有那么难以打败,只要学会坚强,学会在风雨里微笑着前进,并积极地去学习、去创造,就一定会把自己从糟糕的生活中解救出来。《英国和威尔士的美人》一书的作者约翰·布里敦,他就是一个自己将自己从困苦的生活中解救出来的例子。

约翰·布里敦出生于牙买加首都金斯敦一个非常贫寒的家庭。他的父亲曾经做过面包师和麦芽制作工,因生意被人挤垮而发了疯。那时候的布里敦还是个孩子,面对突如其来的不幸,他感到很委屈、很无措,但并没有因此而堕落。

小小年纪,约翰·布里敦就去叔叔家的酒店干活了,他像个大人一样,帮着伙计装酒、上瓶塞、储存葡萄酒。辛辛苦苦干了五年后,他突然被叔叔逐出门。兜里只有几个硬币的他,硬生生熬过了七个漂泊不定的年头。

孤苦伶仃、没有任何依靠的约翰·布里敦在他人生中最青葱的年华里,经历了种种委屈。没有人能够帮他,能够帮助他的只有他自己。被叔叔赶出门后,他没钱坐车,便徒步走到了巴恩,在那里找到了一份擦鞋的工作,赚了些路费后,他又去了大城市伦敦。

在伦敦,他身无分文。衣服也是破烂不堪的,根本无法保暖。后来,饿得面色发紫的他终于在伦敦酒店找到一份管窖的工作。这份工作很辛苦,每天要从早上七点工作到晚上11点,并且要一直闷在漆黑的酒窖里。长时间过度的劳累影响了约翰·布里敦的健康,但他并没有因此就懒下来。为了摆脱穷困的命运,约翰·布里敦一有时间就读书写字。由于他住的地方十分寒冷,他又没钱买炉子,所以一到晚上就不得不缩在被子里看书。

后来,他开始从事律师的工作。这份工作相对轻闲些,工资也比以前高。他在工作之余,会抽空去逛书摊。如果买不起书,就站在那里看,这种方法使他积累了很多知识。又过了几年,他换了一家律师事务所,工资也涨了些,但他仍然坚持看书,并尝试写作。

在28岁那年,他出版了自己的第一本书《皮萨罗的求职经历》。从那以后直到去世,约翰·布里敦一直坚持文学创作。55年间,他出版的作品达87部,其中以《英国大教堂的古代风习》一书最为有名,此书体现了约翰·布里敦不知疲倦的勤奋风格。

约翰·布里敦值得我们敬佩的地方就在于,他的每一次成长、每一个收获都是自己以坚强果敢的心从无情的命运手中抢过来的,上天没有赐予他好的出身、好的家庭,但给了他坚强的意志以及不认输的倔强个性,这足以让他受益一生。

可以说,每一个正享受生活甘甜的人,其幸福都是依靠自己强大有力的内心而一点点建造起来的。

巴尔扎克说过:"不幸对于懦夫是万丈深渊。"在这个世界上,没有人想做懦夫,但遗憾的是,因为实力不济、意志力不坚定,千秋万代的懦夫总是层出不穷。懦弱使他们一次次掉进万丈深渊,轻则受伤,重则万劫不复。

正在苦难中煎熬的你是要做勇往直前的勇者,还是做退缩不前的懦夫呢?懦夫容易做,只不过,一旦做了,就注定一辈子无法从不幸的泥淖中走出来。做勇者虽然苦些、累些,但只要咬牙坚持一下,就能亲手改变自己的命运,让自己获得幸福。

2. 压力和动力, 只有一字之差

当我们看到别人生活惬意、舒适的时候, 常常会羡慕不已, 心里会想: 人家怎么没有压力, 看上去真是轻松呀! 可是当我们和周围的朋友聊起来的时候, 别人反而觉得我们没有压力。其实, 这只是一种"当局者清, 旁观者迷"的心态在作祟, 这种心态让我们感觉生活是别处的好, 幸福是别人的事。

实际上, 生活对于我们每一个人都是公平的, 除了不谙世事的小孩子, 每个成年人都要经受风吹雨打、烈日暴晒。诸如此类的压力, 每个人都无法避免, 只是或多或少, 或大或小罢了。比如, 工人面对下岗时有压力, 基层干部想要晋升有压力, 项目经理业绩平平时有压力, 学生有升学的压力, 毕业生有择业的压力……可以说, 每个人有每个人的压力, 每种角色有每种角色的压力。

既然压力无人不有、无处不在, 那么我们也就没必要去羡慕别人, 因为那只是雾里看花罢了。要想真的让自己活得轻松快乐, 我们就得培养自己一种善于排解压力、冷静对待压力的心态。就像英国著名的心理学家罗伯尔曾经说过的: "压力犹如一把尖刀。它可以为我们所用, 也可以把我们割伤。那要看你握住的是刀刃还是刀柄。"

这也就是说, 在觉得压力让我们喘不过来气的时候, 并不一定是压力本身的问题, 而在于我们自身。就像握住了刀刃一样, 感到痛苦却不知原因何在, 只能一味承受, 但若是你了解了压力的本来面目, 就能找到将它转换为动力的办法。

毛毛大学刚毕业,便和恋爱多年的男友步入了婚姻的殿堂。第二年,他们便有了自己的宝宝。这样一来,从小没吃过多少苦的毛毛有点疲累交加,痛苦不堪了。她一方面要工作,一方面要照顾孩子,一方面还要应付不太熟悉的婆婆。一时间,毛毛感到压力空前的大,她有些难以承受了。

周末的一天,她回到娘家,跟父亲诉起苦来。父亲什么也没说,带着她径直来到厨房,然后拿出三口锅,分别放上胡萝卜、鸡蛋和咖啡豆,然后点燃炉灶给三口锅加温。毛毛一直不明白父亲葫芦里卖的什么药,就只好静静地观看着。水开之后,父亲让毛毛看这三种食物。毛毛发现,胡萝卜已经软了,鸡蛋已经煮熟了,咖啡也已经煮得很香。

毛毛不明就里,只听父亲解释道:"同样的时间,同样温度的水,但是对这三种不同的东西来讲,它们的反应却不尽相同。胡萝卜本来是硬的东西,但煮熟后变得软了;鸡蛋的内部本来是液体,但煮熟后变得有了韧性;咖啡豆的本事最大了,它不但没有因为水而改变自己的味道,反而更加香醇了,而且它还改变了整锅水的颜色。"

毛毛听懂了父亲话语里的意思,她明白了压力往往不请自来,面对它们的时候,如果自己能够像咖啡豆一样,将压力转化成动力,或许周围的一切也就跟着改变了。

没错,这个小小的故事向我们启示了一个简单而深刻的道理:面对压力,乐观的人善于将其变为动力,而悲观的人则会任由压力改变自己。

既然压力不可避免,那么我们何不学一学咖啡豆的精神呢?让自己享受这份压力,在压力中历练自己,让自己越发变得成熟而有魅力。

一位管理人士曾说过这样一句话："人生活在世界上，每天都像动物一样在大草原上猎食，有时丰收，有时失败；有时自己跌倒，有时看到别人跌倒，但是这其中最大的不同，就在于这个人多快才能站起来。"所以说，我们只有让自己尽快从压力中解脱出来，才能摆脱苦闷；我们也只有具备了乐观的生活态度，才能适应时代的变迁，走出属于自己的优雅的步伐。

就算压力像空气一般充斥在我们周围，我们也应该想办法呼吸。压力无处不在，这已经是一种无可改变的现实，抱怨也好，堕落也罢，都只是在强压之下扭曲的表现。改变不了现状，就想办法利用压力。就像能量可以转化一样，压力也能转化成动力，只要你将它看作自己的推动力，那么你就能够得到成功的原动力。

一艘货轮卸货后在返航的时候，突然遭遇巨大风暴，大家都惊慌失措了。

就在这个危急时刻，老船长果断下令："打开所有货舱，立刻往里面灌水。"往货舱里灌水？水手们惊呆了，这个时候本来就危险，怎么还能往里面灌水呢？险上加险，这不是自己给自己找麻烦吗？不是自找死路吗？

此时，老船长镇定地解释道："大家见过根深干粗的树被暴风刮倒过吗？被刮倒的是没有根基的小树。"水手们半信半疑地照着做了。虽然暴风巨浪依旧那么猛烈，但随着货舱里的水越来越高，货轮渐渐地平稳，不再害怕风暴的袭击了。

大家都松了一口气，纷纷请教船长是怎么回事。船长微笑着回答道："一只空木桶很容易被风打翻，而如果装满了水，风是吹不倒的。一样的道理，空船是最危险的，给舱里加点水，让船负重才是最安全的。"

"空船是最危险的,给舱里加点水,让船负重才是最安全的。"其实,人心何尝不是呢?心头放着一定的压力,才能砥砺出坚稳的脚步。如果像一艘空船一样完全没有负担,那么一场人生的风雨就能将之彻底打倒。在生活中,在这个四周充满竞争的社会里,谁要是拒绝压力,谁就注定无法生存。

有一位哲人说过:"人要想有所作为,要想过上更好的生活,就必须去面对一些常人所不能承受的压力,得像古罗马的角斗士一样去勇敢地面对它,战胜它,这就是你必须走的第一步。"

美国麻省的艾摩斯特学院曾经做了一个很有意思的实验。

实验人员用很多铁圈把一个小南瓜整个箍住,然后观察当南瓜逐渐长大时,能够承受铁圈多大的压力。最初他们估计南瓜最大能够承受大约500磅的压力。在实验的第一个月,南瓜承受了500磅的压力;实验到第二个月时,这个南瓜承受了1500磅的压力;当它承受到2000磅压力时,研究人员必须把铁圈捆得更牢,以免南瓜把铁圈撑开。最后当整个南瓜承受了超过变5000磅的压力时,瓜皮才产生破裂。

在实验的最后,实验人员把这个南瓜和其他南瓜放在一起,试着一刀剖下去,看质地有什么不同。当别的南瓜都随着手起刀落噗噗地被切开的时候,这个南瓜却把刀弹开了,把斧子也弹开了,最后这个南瓜是用电锯锯开的:它果肉的强度已经相当于一株成年的树干!因为在试图突破铁圈包围的过程中,这个南瓜正在全方位地伸展,吸收充分的养分,最终果肉变成了坚韧牢固的层层纤维。

假如南瓜能够承受如此巨大的压力,那么我们人类又能够承受多少压力呢？南瓜的实验告诉我们，大多数人能够承受的压力往往超过自己的预想。这说明，只要我们积极应对，人的承受力将会是无限的。所以，人如果能够用积极的态度和行动去应对压力，就能将压力化为成长的张力。

永远恐惧压力，你就永远被它压制，若是试着一点点地接受压力，那么你就如同这个南瓜一样，随着岁月的流逝会成长得无坚不摧。的确，压力在很多时候能激发出强大的精神力量，把人的潜能发挥到极点。在火灾中，一个姑娘竟然能够把一架需要五六个男人才能搬动的钢琴搬到了安全地带；一个八九岁的小男孩，在紧急关头为了救出压在汽车下的父亲，硬是一个人掀翻了一辆汽车！种种事例，充分说明了在压力面前，一个人的潜能有多么巨大。

因此，压力不是什么大不了的事情，关键是我们如何看待。在压力面前，如果我们能勇敢地去面对，并能把压力化作动力，在压力的不断鞭策下，不断前进，那么压力就成了成功的催化剂。我们要想在激烈的职场竞争中取胜，在工作的方方面面做到精益求精，就必须学会与压力共存，化压力为前进的动力。

从这个意义上说，我们需要好好感激压力。只要是自己能够承受的压力，那么就不妨在一段时间内，让压力来得更加猛烈些吧！像铁圈下的南瓜一样承受压力，敢于负重，勇于负重，善于负重，我们会因这近乎残酷的负重洗礼而变得更加强大，实现从焦虑到安然、从平庸到成功的跨越。

3. 对不确定的未来，请坚持付出

虽然每个人的成功都有运气的成分，但是首先需要人们有勇气去尝试，只有这样，当运气来临时，你才能够抓住机遇。如果没有勇气，不敢去尝试，你永远都不会拥有任何机会。只有拥有勇气的人才不怕风险，而愿冒风险的人往往会有机会得到更好的回报。

你不可能想到，亨利·福特在进军汽车业的前三年，破产过两次；美国大百货公司梅西百货曾经七次遭遇转折点，这都是我们所说的"失败"，但是，这些成功者在失败面前都努力坚持下来了，最后终于取得了成功。所以说，一个人要想成功，就不能惧怕失败，只要冷静地分析失败的原因，寻找突破口，说不定下一次就有成功来敲你的门了。

机遇从来不喜欢懒汉，也不欣赏投机者，机遇总伴随着勤奋努力的人、有勇气不断开拓的人、持之以恒的人、力求创新的人，只有这些人才可能成为机遇的幸运儿。人来到世上都希望获得成功，所以更要懂得如何抓住机遇，努力进取，造就成功的自我，创造一番属于自己的事业。

一个农民，初中只读了两年，家里就没钱继续供他上学了。他辍学回家，帮父亲耕种三亩薄田。在他19岁时，父亲去世了，这可以说是一个家庭里最大的灾难，家庭的重担全部压在了他的肩上。他既要照顾身体不好的母亲，还要照顾一位瘫痪在床的祖母。对于一个人来说，这么多的困境足以让弱者垂头了。

80年代，农田承包到各户。他把一块水洼挖成池塘，下了决心想养鱼。但后来乡里的干部告诉他,水田不能养鱼,只能种庄稼,无奈下他只好把水塘填平。这件事成了村里远近闻名的笑话,在别人的眼里,他是一个想发财但又非常愚蠢的人。

但他没有把这一切看在眼里,他又听说养鸡能赚钱,便向亲戚借了500元钱,养起了鸡。但是在一场洪水后,鸡得了鸡瘟,几天内全部死光。500元对别人来说可能不算什么,对一个只靠三亩薄田生活的家庭而言,不啻天文数字。他的母亲禁不起这个打击,忧郁而死。

到后来他酿过酒,捕过鱼,甚至还在石矿的悬崖上帮人打过炮眼……可以说什么活他都干过,可这些都没有赚到钱。35岁的时候,他还没有娶到媳妇,即使是离异的有孩子的女人也看不上他。因为他只有一间土屋,而且随时都有可能在一场大雨后倒塌。娶不上老婆的男人,在农村是没有人能看得起的。但他仍然不放弃,还想搏一搏的他,四处借钱买了一辆手扶拖拉机。不料,上路不到半个月,这辆拖拉机就出了意外,载着他冲入一条河里。

债台高筑的他断了一条腿,成了瘸子。而那拖拉机,被人捞起来,已经支离破碎。他只能拆开它,当作废铁卖了。

村里的人更加鄙视他了,都说他这辈子完了。

但是谁也不会想到后来他却成了一家公司的老总,手中有两亿元的资产。现在,许多人都知道他苦难的过去和富有传奇色彩的创业经历。许多媒体采访过他,许多报告文学描述过他。给人留下很深印象的是以下这个情节,也正是这个情节说明了一切。

记者问他:"在苦难的日子里,你凭着什么一次又一次毫不退缩呢?"

他坐在宽大豪华的老板台后面,慢慢地喝完了手里的一杯水。然后,他把玻璃杯子握在手里,反问记者:"如果我松手,这只杯子会怎样?"

记者说:"摔在地上,碎了。"

"那我们试试看。"他手一松,杯子掉到地上发出清脆的声音,令大家吃惊的是:杯子并没有破碎,而是完好无损。

接着,他意味深长地说:"即使有10个人在场,他们都会认为这只杯子必碎无疑。但是,这只杯子不是普通的玻璃杯,而是用玻璃钢制作的。"

从他的人生经历中,从他的话语里,我们看出了一个人的决心与勇气是多么伟大。这样的成功者,是什么坎坷都不怕的,是什么艰险都抵挡不住他前进的步伐的。成功不属于这样的人还会属于谁呢?

一个人走在成功的道路上,坎坷和磨难总是时时相伴,胜利也总是和失败接踵。有勇气追寻成功的人是善于从教训中积累力量的,他们不会被困难所威胁,反而会从失败中获得新生。在他们看来,无论是感情上的挫折,还是事业上的坎坷,抑或是选择时的失误,都可以为自己的成长提供最好的经验积累,都可以为自己的内心增添更多的勇气,使他们胜利的决心更加牢不可破。这就是成功者的气魄,勇气是他们成功的最大动力。

其实,生活就是一扇大门,在开启之前,成功与失败都无从断定,但当它对你关闭着的时候,你要迈向成功的第一步就是:必须具备敲门时的勇气。如果连敲门的勇气都没有,你就不要谈什么成功。人生就是这样,机会常常就在我们的身边,只是看你有没有勇气去把握住。很多人把机会给流失了,所以成功离他很远;有的人能及时地去抓住机会,所以成功离他越来越近,令他到了成功的顶峰。

4.说"难"前,先问自己是否竭尽全力

遭遇挫折并不可怕,可怕的是因挫折而产生的对自己能力的怀疑。只要精神不倒,敢于放手一搏,就有胜利的希望。但是很多人在困难面前,还没有付出自己最大的努力,便急忙放弃。世上无难事,只怕有心人。只要你有战胜困难的一颗心,那么,就没有什么难的。在说一件事情难之前,我们首先应该先问自己,已经竭尽全力了吗?

我们之所以说一件事情很难,往往是因为我们并没有尽到自己最大的努力!虽然我们嘴上说自己已经"尽力"了,但是我们的能力还没有完全发挥出来。之所以说难,其实只是自己不愿意战胜困难的一种借口而已。

在面对眼前的困难的时候,不妨先把"不可能"放到一边,只想自己是否竭尽全力。学会尽一切办法、尽一切可能去努力解决掉问题,因为世界上没有天大的问题,任何问题都会解决。当然,世界上也没有天大的困难,只有面对困难时没有尽力造成的遗憾和悔恨。

遇到困难就用自己百分百的努力去解决,不要给自己的人生打折扣。如果你在面对困难的时候打折扣,那么你的成功也会打折扣。

24岁的海军军官卡特,应召去见将军海曼·李科弗。将军让卡特挑选任何他愿意谈论并且擅长的话题,然后再和卡特去讨论。结果每次将军都将他问得直冒冷汗,卡特发现自己懂得实在是太少了。在谈话结束的时候,将军问他在海军学校的学习成绩怎样,卡特立即自豪地说:"将军,在820人的一个班中,我名列59名。"将军皱了皱眉头,问:"为什么你不是第一名呢,你竭尽全力了吗?"此话如当头一棒,影

响了卡特的一生。此后，他做任何事情都竭尽全力，后来成为了美国总统。竭尽全力，就是要把意识的焦点对准如何解决问题，不给自己任何敷衍和偷懒的借口。

士光敏夫是影响日本经济界的人物之一。他在重整东芝公司时，遇到了资金不足的困难。因为当时正处于战后时期，要筹到足够的资金对他简直难于登天。别说是筹到足够的资金，就是一小部分的启动资金也是不可能的。他去银行申请贷款，但银行部长对他爱理不理。经过他不断的努力，部长的态度比以前好些，但对贷款的事情却绝口不提。

但是时间不会停止等待他去筹钱，如果在两天内仍然没有资金投入，那么公司将不得不全线停工。士光敏夫想了很久，终于决定破釜沉舟，要想尽一切办法迫使部长答应。他让秘书给他拿来一个大包，在街上买了两盒盒饭放在里面，然后提着赶到银行。一见部长，他就开始跟部长谈，希望给他贷款，但是对方仍不答应。双方又展开了一场舌战，不知不觉已经到了下午下班的时间。部长一看下班了如释重负，提起公文包准备回家吃饭。不料，士光敏夫从袋子里拿出盒饭说："部长先生，我知道你工作辛苦了，但是为了我们能够长谈，我特意把饭准备了，希望你不要嫌弃这寒酸的盒饭。等我们公司好转后，我们会再感谢你这位大恩人。"面对士光敏夫这样的执着，部长真是无可奈何。但也正是因为他的这份坚毅，部长最终批准了他的贷款申请。

在面对一些困难的时候，我们往往认为自己已经尽力了，但实际上我们并没有竭尽全力！我们之所以说事情难办，就是因为我们没有尽到最大努力。我们说自己已经尽力了，而实际上我们并没有把全部潜力发挥出来。所以，在面对问题和困难的时候，我们永远不要先说难,而要先问一问自己是否已经竭尽全力。

难,是我们用来拒绝努力的常用理由。但是,问题真的是那么难解决的吗?关键的一点,就是先把"不可能"的想法放在一边,而只想自己是否完全尽力,是否想尽了一切办法、尽了一切可能。如果将心灵的焦点对准"难",那么大脑也会随后找出千万个理由,证明真的很"难",人也会因此很容易就屈服。而人一旦变得容易屈服,在面对如此"难"的问题时就很自然地会产生畏惧心理。实际上,畏惧会使人无法冷静地应对难题,甚至导致行动的瘫痪。

所以当你面对困难的时候,先不要问难不难,而要想自己是否尽了最大努力,这样你就会把注意力集中在尽力挖掘自己的潜能上,反倒更容易解决问题。

5. 多走一段弯路,就多看一段风景

正如品惯了茶或咖啡的人会主动要求品尝茶或咖啡一样,品惯了人生中苦味的人,也能够从中品尝出无上的快乐。每个人都希望自己的人生一帆风顺,但这样的人生轨迹并不存在。一个人弯路走得多了,放开了心态,也能在弯路上多看一段风景。

面对生活中的弯路,我们需要"想得开"。"想得开"是天堂,"想不开"是地狱。我们选择了自己的职业,选择了自己的人生轨迹,做了几年,可能发现选错了,走了几年路,发现路是弯的,怎么办呢?回头看看,我们真的白白浪费了光阴吗?

终有一天,当我们站在人生的下一个站台回望时,所有曾经承受的委屈和压力都将释然。我们会发现，那些我们所走过的弯路，正让我们学到了如何应对人生、如何面对挫折，以及如何发挥潜能、全力以赴。人走过弯路后，就会发现，是弯路让我们的人生拥有了更多的可能。

蓉蓉很特别，有很多优点，会弹钢琴，唱歌也好听，可是优秀的她高考失利了。每个人都曾以为她能够考上复旦大学，但是她的分数只能够去一个不知名地方的医科大专。

她曾一度非常沮丧，但她从来没有抱怨过，始终从自己身边的人和事上看到和学习美好的东西。在学校里，她同样地谈恋爱、玩儿……后来，她去医院实习，给断掉的骨头上石膏，还做开腔手术大夫的助手。再后来，她考上了法律的本科，从专科升为本科，从零开始。

蓉蓉读法律本科很顺利，可她工作后从律师事务所辞职去黑龙江支教去了。

后来她又去了加拿大读大学，学习关于教育和非营利公益组织的管理。她热爱人生的多样性，她对人说："她走的不是弯路，而是多看了一段风景。"

生活的强者，只关乎心灵。塞涅卡曾说："没有谁比从未遇到过不幸的人更加不幸，因为他从未有机会检验自己的能力。"如何检验自己的能力呢？走一段弯路。在弯路中，总是在得到与失去的交替中，在渴求与放弃的转变间，经历着痛苦，同时也感受着快乐。

走弯路很苦，但苦的另一面是一种恩赐，因为伴随苦难而来的往往是一种超乎常人的坚强与不屈，而这种精神才是人生在世最为宝贵的财富。因此，我们在痛苦中流泪时，不要只是将眼光集中在痛苦上，而忘记了这是生活的考验。

从一个一掷千金的大商人，变成一个家徒四壁的穷光蛋，洛克在经历了破产的遭遇后，深切体会到生活的冷酷无情。他心灰意冷，萌生了结束生命的想法。

洛克回到了承载着他童年美好时光的乡间小镇，也许这里才是离上帝最近的地方，洛克很想质问上帝，为何偏偏选中他来承受命运的作弄？

走累了的洛克在一片瓜地旁边小憩，这时正是丰收的时节，空气里充盈着香甜的味道。好客的瓜农看到风尘仆仆的洛克，豪爽地请他品尝地里的瓜。

瓜农开始喋喋不休地对洛克讲述，前几年收成如何不好，总是遇到天灾虫患，甚至突如其来的一场霜冻，让即将收获的成果毁于一旦，一年的辛勤劳作全都白费了。

洛克感到有些意外，他脱口而出："收成不好你怎么活下去，赚不到钱耕种还有什么意义？"

憨厚的果农咧嘴一笑："再怎么艰难不都这样挺过来了，你看，这不是丰收了么，而且，正是之前的歉收，才让这次丰收显得更有意义。"看着这个心事重重的年轻人，果农意味深长地继续说道，"所有的经历都是有意义的，只要你没有放弃继续依靠自己的双手。"

一席话似一阵风吹走了洛克心头的灰尘，他顿时觉得醍醐灌顶。洛克驱车返回，决定重新来过。5年后他的公司遍及全省，他成了行业内呼风唤雨的人物。而走过的弯路，也成了他人生中最美的回忆，他倍加珍视。

走弯路并不可怕，可怕的是我们纠结的内心，人都希望人生之路能够坦荡无阻，希望得到细心体贴的关怀，希望一切烦恼和痛苦都远离我们。但生活并不是总给我们一帆风顺的美景，因而困难来临我们不愿意面对，却也无法逃避。

人生路上，弯路比起星光大道更有意思。且不去说那不寻常的风景，就说脚下的路，因为有了曲折，反而可以考验我们的注意力和脚力。把弯路作为人生旅途的一次磨砺，不是很好吗？

6. 与其不尝试而失败，不如尝试了再失败

不论何时，只要尝试做事的新办法，人们就会把自己推向冒险之途。

成功者最大的特点就是，具备想用新的点子做实验及去冒险的意愿。进取的人和普通人最明显的差别就在于：进取的人在态度上勇于冒险，且具新观念，能鼓舞他人去从事一无所知的事物，而非尽玩安全的游戏。他们之所以敢于冒险，是因为有冒险力的驱动。如果做事怕冒险的话就没办法把事情做好了。而要冒险，一定要有足够的勇气及资本，所谓的资本是指冒险力。光凭着第六感觉或运气是没办法安然渡过大大小小的风险的。如果一切都在计划之内、意料之中，也就算不上什么冒险了。冒险力就是在无法确定的复杂情势下，发挥它的神奇魔力的。

说到冒险精神，人们就会联想到发现美洲新大陆的哥伦布。

哥伦布还在求学的时候，偶然读到一本毕达哥拉斯的著作，知道

了地球是圆的,他就牢记在脑子里。经过很长时间的思索和研究后,他大胆地提出,如果地球真是圆的,他便可以经过极短的路程而到达印度了。自然,许多自以为有常识的大学教授和哲学家们都嘲笑他的意见。他们觉得,他想向西方行驶而到达东方的印度,岂不是傻人说梦话吗?他们告诉他,地球不是圆的,而是平的,然后又警告他,他要是一直向西航行,他的船将因驶到地球的边缘而掉下去……这不是等于走上自杀之路吗?

然而,哥伦布对这个问题很有自信。只可惜他家境贫寒,没有钱让他去实现这个理想。他想从别人那儿得到一点钱,助他成功,但一连空等了17年,还是失望。

灰心的哥伦布,只想进西班牙的修道院,去度过后半生。正在这时候,西班牙皇后伊莎贝露同意资助哥伦布。皇后赞赏他的理想,并答应赐给他船只,让他去从事这种冒险的工作。

1492年8月,哥伦布率领3艘船,开始了一次划时代的航行。刚航行几天,就有两艘船破了,接着他们又在几百平方公里的海藻中陷入了进退两难的险境。是他亲自拨开海藻,船才得以继续航行。在浩瀚无垠的大西洋中他们总共航行了六七十天,也不见大陆的踪影,水手们都失望了,他们要求返航,否则就要把哥伦布杀死。哥伦布用信念说服了船员。

继续前进中,哥伦布忽然看见有一群飞鸟向西南方向飞去,他立即命令船队改变航向,紧跟这群飞鸟。因为他知道海鸟总是飞向有食物和适于它们生活的地方,所以他预料到附近可能有陆地。果然,他们很快发现了美洲新大陆。

当他们返回欧洲报喜的时候,又遇上了四天四夜的大风暴,船只面临沉没的危险。在这十分危急的时刻,他想到的是如何使世界知道他的新发现,于是,他将航行中所见到的一切写在一张羊皮纸上,用蜡布密封后放在桶内,准备在船毁人亡后,能够将自己的发现留在人间。

幸运的是,哥伦布他们终于脱离了危险,胜利返航了。无须赘言,哥伦布如果没有不怕困难、不怕牺牲、勇往直前的进取精神,"新大陆"能被早日发现吗?

你想要事业的成功吗? 那你就要敢冒风险,投身于危险的境地,去探索、去创造,在这一过程中,你不能瞻前顾后,惧怕失败。

7. 坚持下去,你会在最后一秒成功

机会是一种稍纵即逝的东西,而且机会的产生也并非易事,因此不可能每个人什么时候都有机会可抓。在机会还没有来临时,最好的办法就是:等待、等待、再等待,在等待中为机会的到来做好准备。耐心等待机会,你就能在意想不到中获得成功。

传说,有两个人偶然与酒仙邂逅,一起获得了神仙传授的酿酒之法:米要端阳那天饱满起来的,水要冰雪初融时的高山流泉,把二者调和了,注入深幽无人处千年紫砂土铸成的陶瓮。再用初夏第一张看见朝阳的新荷覆紧,密闭七七四十九天,直到鸡叫三遍后方可启封。

就像每一个传说里的英雄一样,他们历尽千辛万苦,找齐了所有的材料,把梦想一起调和密封,然后潜心等待那个时刻。这是多么漫长的等待啊!

第四十九天到了,两人整夜都不能寐,等着鸡鸣的声音。远远地,传来了第一声鸡鸣,过了很久,依稀响起了第二声。然而,该死的第三遍鸡鸣迟迟没有来。其中一个再也忍不住了,他打开了他的陶瓷,迫不及待地尝了一口,就惊呆了:天哪!像醋一样酸。大错已经铸成不可挽回,他失望地把它洒在了地上。

而另外一个,虽然也是按捺不住想要伸手开瓮,却还是咬着牙,坚持到了第三遍响亮的鸡鸣声起。当他舀出来一抿,大叫一声:多么甘甜清醇的酒啊!

只差那么一刻,"醋水"没有变成佳酿。许多富人,他们与穷人的区别,往往不是机遇或是更聪明的头脑,只在于前者多坚持了一刻——有时是一年,有时是一天,有时,仅仅只是几分钟。

创富者若缺了"坚持"二字,随时都会有打退堂鼓的可能。因为在创富的过程中,要遭遇到的挫折和困难绝不会少,但人如果一遇则退,则很有可能在跳了几个行业后,便偃旗息鼓,改换门庭了,而且一股创富的热情亦会随之东流。

有一位商人,他最早是子承父业做珠宝生意的,可是他缺乏对珠宝行业的明察秋毫,没几年,就把父亲交给他的珠宝店赔光了。

商场失意的他认为自己不是缺乏经商的才干,而是珠宝行业投资大、技术性太强、风险太大。而服装行业周期短,且不需要太大的专业学问,他决定改行做服装生意,并相信肯定能成功。于是,他变卖了仅有的一些家产,开了一家服装店。

过了三年,他的服装店已经再也没有资金进新款衣服,已有的衣服也因价格高于相邻商家而无人问津,他又一次失败了。他意识到服装市场更新太快了,自己总是跟随流行的尾巴。当他以为一种新款是刚开始流行自己马上组织资金进货时，同行们的这种款式已经开始淘汰了。

他变卖了服装店，用剩余的不多的资金，开了一家饭店。他想，这种简单的生意总不会再赔了。雇几个人做菜，客人吃饭拿钱，又不用多么大的流动资金。可是，他又错了。他眼睁睁地看着相邻的饭店里宾客盈门，而自己家却门可罗雀。最后，连雇来的几个人也跑到别的饭店去了，只剩下他孤零零的一个人。

后来，他又尝试做了化妆品生意、钟表生意、印染生意，都无一例外地失败了。

当他60多岁，他相信自己没有丝毫经商的才能，一生的宝贵年华被失败消磨殆尽。他盘算了自己的家底，所有的钱仅够买一块离城很远的墓地。

彻底绝望的他心想，既然自己没有能力创造财富了，就买块墓地给自己留着，等到哪天一命归西，也算有个归宿。

这是一块极其荒僻的土地，有钱的人，甚至一些穷人也不买这样的墓地。

可是奇迹发生了，就在他办完这块墓地产权手续的第15天，这座城市公布了一项建设环城高速路的规划，他的墓地恰恰处在环城路内侧，紧靠一个十字路口。道路两旁的土地一夜之间身价倍增，他的这块墓地更是涨了好多倍。他做梦也没想到他靠这块墓地发财了。

他突然顿悟，自己为何不做房地产生意呢？说做就做。他卖了这块墓地，又购买了一些他认为有升值潜力的土地。仅仅过了5年，他成了全城最大的房地产大亨。

这位商人的亲身经历给人的启示是深刻的。无数次的选择，无数次的放弃，却只有一个小小的机遇，才改变他的命运。其实，有很多时候,机遇就在财富的前方等待着,关键的是人要有耐心。

　　阿呆和阿土是同一村庄的两个老实巴交的渔民,却都梦想着成为大富翁。有一天,阿呆做了一个梦,梦里有人告诉他对岸的岛上有座寺,寺里种有49棵朱槿,其中开红花的一株下便埋有一坛黄金。于是,阿呆满心欢喜地驾船去了对岸的小岛。岛上果然有座寺,并种有49棵朱槿。此时已是秋天,阿呆便住了下来,等候春天的花开。肃杀的隆冬一过,朱槿花一一盛放了,但都是清一色的淡黄。阿呆没有找到开红花的那一株,庙里的僧人也告诉他从未见过哪棵朱槿开红花。于是,阿呆只能垂头丧气地驾船回到了村庄。

　　后来,阿土知道了这件事,阿土也去了那座岛,并找到了那座寺。又是秋天,阿土也住下来等候花开。第二年春天,朱槿花凌空怒放,寺里一片灿烂。奇迹就在此时发生了:果然有一株朱槿盛开出美丽绝伦的红花。阿土激动地在树下挖出了一坛黄金。后来,阿土成了村里最富有的人。

　　今天的我们为阿呆感到遗憾:他与富翁的梦想只隔一个冬天。他忘了把梦带入第二个灿烂花开的春天,而那足可令他一世激动的红花就在第二个春天盛开了!阿土无疑是个聪明者:他相信梦想,并且等待另一个春天!

　　每个人的人生都充满着梦想,每个人都拥有自己的理想。然而,我们总是习惯于守候第一个春天,在面对第一次的无果后,我们往往轻率地将第二个春天拒之于门外。殊不知,梦想之花垂青的总是那些有耐心、执着追求的人。

8. 一无所有，也是一种恩宠

　　我们降生的那一刻是一张白纸，在日后的人生中我们为它填充了不同的色彩，赋予了它不一样的内容。有人或许在想，有些人在出生的时候有着好的背景，自己在起跑的时候就已经落后了，但若总有这样的想法，你将永远追不上对方的脚步。

　　其实，一无所有也是一种财富，它会让人产生改变命运的激情；一无所有也是一种资本，它让人们拥有了无牵挂、轻装上阵的心态。当环境把人逼到了一无所有的境地，不要怕，这是一种"恩宠"，实际上就相当于给了你一把挖掘宝藏的锄头。

　　一位大师让三个徒弟上山砍柴。临出门前，给大徒弟带上了一把伞，以防天气有变；给了二徒弟一根拐杖，告诉他山路不好走时可以用得上；而最小的徒弟却从师父那里什么也没有得到。

　　小徒弟不免伤心噘嘴，小声嘀咕说："我最小，本该受到最多的照顾，可师父却这样对我……"

　　大师早就看出了小徒弟的心思，却含笑不语，只让三个徒弟赶紧上路。

　　傍晚时分，三个徒弟各自归来，都背回了两大捆柴。但大徒弟却被中午开始下的雨淋得浑身湿透；二徒弟跌得满身是伤；唯独小徒弟安然无恙。

　　大师把三个人叫到了一起，三人见面后对彼此的结局都感到颇为诧异，不禁说出了各自的情况。拿伞的大徒弟说："当天空开始飘起零星小雨时，我因为有伞，就大胆地在雨中走；可当雨下大的时候，我却没有地方也腾不出手来撑伞了，所以被淋得湿透了。但当我走在泥泞坎坷的路上时，我知道自己手里没有拐杖，所以走得非常仔细，专挑平稳的地方走，所以竟没摔一个跟头。"

接着，带着拐杖的二徒弟说："我正因为自己带了拐杖，所以当走到沟沟坎坎的地方时，便毫不在意，没想到竟常常跌跤。但是，当大雨来临的时候，我知道自己没带伞，所以尽量拣着那些能躲雨的地方走，身上自然也就没有怎么被淋湿。"

这时候，小徒弟似乎明白了师父的用意，有些激动地说："我知道你们为什么拿伞的被淋湿了，带拐杖的跌伤了，而我却安然无恙的原因了！当大雨来时我躲着走，路不好走的地方我便格外小心，所以我既没淋湿也没有跌伤。"

大师仍然像刚出发时一样，慈爱地看着小徒弟，又转向大徒弟和二徒弟，对他们说："你们的失误就在于，你们有了自认为可以依赖的优势，便觉得少了忧患。"

许多时候，我们并不是跌倒在自己缺乏的弱项上，而是在自以为有优势、绝不会出任何问题的地方出了差错。往往，弱项和缺陷能让人保持足够的警醒，而优势则容易让人忘乎所以。在困境之中，大多数人都会下意识地千方百计寻找"救命稻草"。然而，我们在心理上的依赖情结会越来越严重，做起事来越马虎。更严重的是，也许困难最终得到了解决，可我们自己却没有从中学会任何面对困难、解决问题的经验，从而在依赖中错失了一次有助于成长的好机会。可以说，人拥有的东西越多，顾虑就越大。相反，若一无所有，反倒什么都能豁得出去了。

当然，拥有的东西越多，开创新的事业时需要放弃的东西也就越多，不少人在此时难以割舍，不能正确对待舍得。

记者在以色列采访时，从外交官到商贸工部官员，再到成功的企业家，都众口一词地认为"我们成功的秘诀，真的就在于我们一无所有"。

从经济社会发展的自然条件来看，以色列真的可谓是"一无所有"：国土面积小，国土资源质量也不高。他们没有邻国引以为豪的石油，有的只是占国土面积一半以上的沙漠和半沙漠地区。

可是，贫瘠的自然资源让以色列人更加重视发挥人的作用。他们把科技作为立国之本，注重科研成果在经济社会发展中的转化，在各个领域都体现出高科技发展和精细化经营。比如，以色列严重缺水，但他们的节水灌溉和旱作农业技术却因此而举世闻名；废水复用、人工降雨、海水淡化等非传统水资源的开发利用也相当成功；在水资源管理的很多具体细节上，都做到了世界最好的水准。

在我国也有不少资源稀缺、信息闭塞的地方，用传统的眼光看来，可谓是"一无所有"。但如果能像以色列一样，充分发挥人的智慧和能动性，把"一无所有"变成自身发展的优势，同样会推动经济社会的健康发展。比如浙江温州，人多地少，缺少自然资源，但温州人却创造了以加工制造业和民营经济为特色的温州模式，成为全国发展的楷模。

从辩证的角度来看，"优势"和"劣势"是对立统一的，相互依存又相互转化。世间从来没有绝对的"优势"，也没有绝对的"劣势"。资源丰富的地方，往往产业结构单一，经济对资源的依赖性较强，反而限制了其他产业的发展；而资源少的地方，往往却能形成一些对资源依赖程度小的可持续发展的产业。

所以说，"一无所有"在某些时候也是一种优势。正是因为一无所有,人才会有那股甩开膀子放手干的豪爽气概,有不顾一切的内在驱动力,这也是改变命运的关键之所在。

我们不要再为自己的一无所有、一穷二白而灰心叹气了,上天是公平的,它没给我们准备资源,会为我们准备好意想不到的另一种"恩宠"。——我们拥有的巨大能力。

第四章

在难熬的日子里，笑出声来

1. 总有人比你更"倒霉"

你永远不是最"倒霉"的那一个，总有人比你更"倒霉"。当你遇到不开心的事时，想想那些比你更"倒霉"的人，他们比你更有资格唉声叹气。

有时候，"倒霉"可能会爱上你，跟你形影不离，你到哪里它就跟到哪里，你差点就要被它给逼疯了，生活变得一团糟，你的心情完全像"乌云遮月"一样阴暗。这时，你怎么办？你怎么才能让心情美好起来？你要想到世间还有人比你更"倒霉"。

曾经也有个自认为很倒霉的人，他叫哈维。哈维常为很多事情而忧虑，觉得自己很倒霉，先是工作没了，后来经商被骗破产了，花了七年时间才还清债务；妻子也离他而去；孩子也总是给他找麻烦……总之，没有一件让他高兴的事，他觉得上天对自己太不公平了，什么倒霉事都让他赶上了。可是，有一天哈维突然转变了，人变得乐观起来了，不再时时抱怨说自己如何倒霉了。

那是1934年春天，哈维正在一条街道上无精打采地彷徨，突然有一幕景象落到了他的眼里，让他倍受触动，决心改变。他看见从路对面来了一个没有腿的人，坐在一块简易的木板上，木板下面像溜冰鞋一样装了滑动的轮子，两手拿了木棍撑住地面往前滑，时刻注意躲闪过往的车辆和行人。这人过街后，准备把自己挪到比马路高出几英寸的人行道上去。正当他的小板子翘起来的时候，哈维正好跟他的目光相对，这人很坦然很快活地说"早上好，今天是个好天气，你觉得呢？"哈维有点吃惊，他现在才发现自己原来其实是很幸运的，至少他还有两条健康的腿，能活蹦乱跳的。面对这样一个勇敢面对生活的人，哈维为自己以前的自怨自艾感到羞愧，他开始认识到自己根本就算不上一个倒霉的人。

从此，哈维每天早起在刮胡子的时候，就看看贴在镜子上的那句话："别人骑马我骑驴，回头看看推车汉，比上不足，比下有余。"从此，他不再认为自己倒霉，他认为生活其实很美好。

犹太人有句谚语："假如你失去一只手，就庆幸自己还有另外一只手，假如失去两只手，就庆幸自己还活着，如果连命都没了，就没有什么可烦恼的了。"当你觉得"倒霉"的时候，不妨换个角度看问题，看看自己还拥有什么，这样你会觉得自己还是很幸运的。比如你为洒掉半杯啤酒而懊恼时，不如还为拥有半杯啤酒而快乐；再比如不小心摔倒时，你应该想幸好我是在这里摔倒，而不是在危险的地方摔倒，真是老天保佑，真是太幸运了。

　　曾有一个朋友跟随一个旅游团去外地观光，坐的是那种大巴车。路上要经过一段弯行的山路，山路十分崎岖，不过司机说没问题，说他对这条路很熟，把车开得还很快。正当大家兴致勃勃地观赏窗外的风景时，悲剧发生了，大巴车与一辆货车几乎走了个对面。大巴车匆忙躲闪，由于车速过快，大巴车失去控制，一下就翻到了山沟里，车里的乘客非死即伤。这个朋友也伤得很重，左腿被狠狠地卡到了车座里，后来被送进医院，医生不得不宣布截去他的左腿，这意味着他从此要与假肢、拐杖和轮椅为伍了。但是这位朋友醒来后，没有痛苦多长时间，他非常乐观。亲戚朋友们来看他，以为他是在强颜欢笑，一边安慰他，一边说他"倒霉"。但是这位朋友却说："还好，我觉得我很幸运。除了这个不听话的腿，我身上其他零件都还好好的，什么也耽误不了。那些丢了命的人才是最'倒霉'的。"

　　你仔细想想，你是不是还拥有其他的东西？比如有份自己喜欢的工作，有两个可以诉苦的闺蜜或哥们，还有几件不错的衣服可以替换，还抽得起烟，还能去上网，还能到父母家去蹭吃蹭喝，还有一把子力气，还能看见明天的太阳……你还有什么不满足的呢？

2. 你要快乐就快乐

　　生活在现在这个喧嚣复杂、利益至上的社会里，我们该如何选择自己的心情呢？

　　或许一位哲人所说的话可以回答这个问题："每天早上醒来时，

我都会告诉自己,今天有两种选择:好心情或是坏心情。我总是毫不犹豫地选择前者,即便有不好的事情发生,我也会坦然面对,就像是太阳总会落山那样自然。"

是的,快乐是一种心境,它是靠自己的"心"来决定的。换句话也就是说,如果你想要快乐,那你就去寻找快乐,这和你是否有钱没有任何关系。反之亦然,如果你自己选择了痛苦,那么不管外界条件怎样,你都是痛苦的。

快乐对于人来说,是需要条件的吗?答案是否定的。千万不要以为快乐是由某些外界事物决定的,快乐不需要任何条件,只要你想快乐,没有人能够挡得住。

一位年轻漂亮的女子嫁给了一位军人,结婚后,她跟着丈夫来到了兵营。蜜月期还没有过完,丈夫突然接到上级的命令,要到沙漠腹地去参加军事实习。军令如山,丈夫匆匆地赶到了实习地点,留下她一个人孤孤单单地生活。她整天都待在一个像集装箱一样的小铁屋中,时常感到忧伤和寂寞。有一天,她实在忍受不了了,便给父母写了一封信,信中向他们抱怨说想离开这个鬼地方。几天后,她收到了父亲的回信,信的内容很简单,只有三句话:你抱怨,你伤心,日子一天天地过去;你快乐,你享受,日子也是一天天地过去。你自己想想,应该选择哪一种活法?

看完父亲的来信,她突然间明白了什么,同时也感到很惭愧,她决定要改变自己。从此以后,她完全像是换了一个人,往日的消沉与失落不复存在,有的只是灿烂的笑容和乐观的态度。她和当地的人主动交朋友,和他们一起劳作,一起话家常,还学习当地的一些风俗习惯,把自己彻底地融入了进去。而她的真心也换来了回报,当地人将一些舍不得卖给观光客的衣服及纺织品送给她作礼物。此外,她还走出家门去了解仙人掌,了解土拨鼠,观赏日出日落,寻找海螺壳,等等。两年之后,她提起笔写了一本书,名字叫作《快乐的沙漠》。

女人的生活没有改变,周围的居民也没有改变,改变的只是她的心,是她自己选择了快乐。其实,人生本来就存在一连串的选择,而在诸多的选择中,快乐才是最重要的。你戴上了一副快乐的眼镜,那么眼中的世界就会绚丽多彩;而如果你选择了一副痛苦的眼镜,那么眼中的世界就是灰色黯淡的。所以,当你不快乐的时候,不要抱怨老天爷太不公平,只能怪自己的心选择了不快乐。

俄国作家契诃夫曾经写过一篇题为《生活是美好的》的文章,其中有这样一段话:"要是火柴在你的衣袋里燃烧起来了,那你应当高兴,而且要感谢上苍,多亏你的衣袋不是火药库。要是有穷亲戚到别墅来找你,你不要脸色发白,而要喜洋洋地叫道:挺好,幸亏来的不是警察……"

从这样的角度去想,那些小小的烦恼是否已经不值一提了?

生活中很多事情都是这样,与其绝望悲哀,愁苦抱怨,倒不如换个角度,凡事多往好处想,心情自然也就会跟着转变,还可以将不幸造成的损失或不良后果降到最低,甚至有可能影响事物发展的方向,改变自己的不利处境。

一家有两个儿子,虽是孪生兄弟性情却大相径庭。哥哥对任何事物总是很乐观,弟弟却常常流露出悲观消极的样子。爸爸想中和一下他们的差异,于是把两个儿子分别关进两间屋子。这位爸爸给了小儿子一堆五颜六色的玩具,给了大儿子一堆牛粪。

过了一会儿,爸爸打开小儿子的房门,看到小儿子没有玩那些新颖的玩具,而是泪流满面地坐在地上。爸爸问他原因,小儿子抹着眼泪告诉爸爸:玩具太好了,但是玩就会玩坏,玩坏了怎么办?

爸爸又去打开大儿子的房门,发现他正在牛粪堆里挖洞,于是问他在做什么。大儿子顾不上擦去脸上的汗水,一边挖一边满怀信心地笑着告诉爸爸:我想知道玩具是不是藏在牛粪里……

从两兄弟的故事中可以看出,不同的心态决定了我们看待问题的角度,而看问题的角度则决定了我们在面对人生境遇时所体会到的幸福或痛苦。生活中也是这样,我们都希望自己的人生是那个放满了玩具的房间,可是有时候命运偏偏将我们关进只有牛粪的房间。虽然我们不能选择自己人生的境遇,但我们却可以选择看待人生的角度,是守着玩具依然哭泣,还是即使面对牛粪依然乐观。

世界上没有绝对的坏事,事情的好坏往往只是由我们的心态所决定,自己的快乐掌握在自己手里。

影星吉尼威尔德在《监狱风云》中饰演了一个名为亨利的男子,他笑口常开,风趣幽默,倾倒了许多人。在电影中,亨利被误判入狱,所有狱官都看他不顺眼,常常找他麻烦。

有一次,狱官用手铐将他吊起来,几天之后,他竟然还能带着一脸灿烂的笑容,对狱官说:"谢谢你们治好了我的背痛。"狱官又将亨利关进一个因日晒而高温的锡箱中,当他们放亨利出来时,亨利央求道:"喔,拜托再让我待一天,我正开始觉得有趣着呢。"

最后,狱官将他和一位重300磅的杀人犯古斯博士一同关进一间小密室。古斯博士在狱中恶名远扬,就连最凶恶的犯人也像躲瘟疫一般避着他。所以,狱官们在打开密室的门,看见古斯博士和亨利坐在一起开心地玩牌时,都惊讶得不得了。

其实,亨利做的只不过是在喜乐与悲伤之间,选择了以喜乐去面对世事,所以,没有人能以任何方式夺走他的喜乐。

记住,晴天或者阴天,以及所有像天气一样的外界因素都无法左右我们的心情,真正的快乐或痛苦取决于我们自己的看法。无论在任何时候,只要你选择以好的心态来面对事情,事物也会向你展示出它美好的一面。

哲学家阿纳哈斯曾经将人生分为三种:一种是快乐,一种是痛苦,还有一种是糊涂。不管是哪种人,选择权都掌握他们自己手中,要快乐还是要痛苦,全都在他们的一念之间。

是的,只要细心留意就会发现,快乐其实是无处不在的,只要你能够用心去捕捉,就一定可以得到。选择快乐,你的心情也会因此变得轻松;选择快乐,你的生活自然就会充满阳光;选择快乐,你的人生道路就会花团锦簇。

3. 懂得分享,让幸福加倍

歌德曾经说过:能分享他人痛苦的,是人;能分享他人快乐的,是神。

有人这样说:"你有一个苹果,我有一个苹果,交换一下,我们还是每人一个苹果;你有一个思想,我有一个思想,交换一下,我们每人就有了两个思想。"这句话所要表达的主题就是:懂得分享。这四个字看似十分简单,但做起来却又着实不易。

乐于分享,是心胸开阔的一种表现,是无私奉献的一种表现,拥有了这种开阔和无私,人的世界才能变得更大、更宽。当然,当你在分享的同时,你也会得到对方的回馈。一个懂得分享的人,他的生命就像是波涛汹涌的大海一样,充满活力,充满包容力。

生活中很多人不懂得分享的真正涵义。有了快乐自己独吞,害怕别人抢走自己的胜利果实;有了痛苦也独自承担,防止别人窥视自己的内心世界。结果,不知不觉就让自己陷入了孤立的境地。

从前有一位腰缠万贯的富翁,家里有数不尽的财富,可是他对别人却十分吝啬,从来不愿意施舍穷人一些财物。就连对自己的妻子儿女,要求也十分苛刻。因此,村里的人送给了他一个绰号:铁公鸡。更有意思的是,他从来不愿意和别人多加交谈,总认为人家是因为他的钱才和他接近的。慢慢地,大家都疏远了他。等他的年龄越来越大了,才发现原来自己一直都很孤独,他想改变这种局面,但别人却离他更远了。

有一天晚上,他来到了小河边想一死了之,恰巧遇到一位禅师。这位禅师问他为什么想不开,他便如实回答。禅师从他的话中听出了一些端倪,便开导他说:"现在你把自己的烦恼说给了我听,是不是感觉好了一些呢?"富翁点了点头,禅师又说道:"假如你能够把你的心情跟你的家人、朋友分享一下,你同样也会感到快乐的。先前你之所以苦恼,就是因为你把一切都看得太紧,不愿与别人一同分享,把自己关在一个窄小的世界里。现在只要你肯改变,就可以找到快乐。"富翁听后,恍然大悟,他高兴地拜别禅师回到家里。从此以后,他一改以往吝啬和刻薄的作风。慢慢地,大家也都接受了他,他的世界开始变得丰富多彩起来。

富翁的转变就是因为他懂得了分享,结果才让自己得到了快乐,得到了充实的生活。可见,分享在我们的生活中所占的分量有多么重要。

很多时候,人们都是在享受中才体会到生命的真谛。分享其实是很简单的一件事情,比如小时候拿给伙伴一颗糖果,这就是一种分享。当伙伴向你露出浅浅的微笑时,你能高兴上一阵子。而此时糖果的分量也不再那么简单了,它仿佛变成了一座桥梁,连着两个孩子无私的心,将两人的友谊变得更加牢固、更加紧密。

懂得分享的人,便懂得什么是爱心和责任;懂得分享的人,便明白在生活中的冷暖和风雨;懂得分享的人,便清楚高尚人格的真正意义。一个事事都不愿意与别人分享的人,会慢慢地将自己禁锢在那个只属于自己的世界里,喜怒哀乐都一个人承受。久而久之,这个人就会变得孤独、变得狭隘。

有一个农民从外地买回了一批优良小麦品种,种下去之后,第二年就大获丰收,农民自然是喜出望外。可是高兴过后,他马上就变得忧心忡忡,原来他害怕别人偷去他的优良品种,也种出一样好的小麦。很多人听说了他家的小麦丰收后,都前来询问他从哪里买到的品种,但他想方设法地保密,唯恐别人知道。

好景不长,第三年的时候他就发现,种下去的同样是优良品种,但产量却和普通小麦差不多。又过了两年后,他的麦子甚至连普通小麦也不如了,且病虫害现象也十分严重。心急如焚的他赶紧带着自家的麦种去请教一位农科专家,经过一番考察后,专家告诉他,由于良种的四周都是普通的麦田,而它们之间相互传播花粉,使良种发生了变异,久而久之,品质就会下降。农民这才后悔不已,倘若当初他和邻居一同分享优质品种,那么也不会有今天这个后果了。

农民由于不懂得与别人分享，结果导致自家的小麦品种质量下降，这真是应了那句"聪明反被聪明误"。

分享是一种智慧，需要豁达的心胸、坦诚的态度，冷漠者、自私者、心胸狭窄者、利欲熏心者，永远不可能懂得什么才是真正的分享。

真正的分享是一种无欲无求的透明情怀。如果你的分享带有某种功利性的目的，那么这种分享便不是一种纯粹的交换，你也无法体会到分享的真正内涵。此外，我们不能奢求分享是一种等价的交换。也许你去与他人分享，但他人并不马上有分享与你，不要着急，也许你在将来能从对方那里获得意外的惊喜。

4. 痛苦也是天使，带给我们非凡的美丽

人们不喜欢或者害怕在自己身上发生悲剧，却又常常被别人身上的悲剧所打动，比如电视、电影里的。但谁也无法避免悲剧的发生，比如我们遭遇了疾病、意外，失去了健康、财产等，这都会让我们自责、后悔、抱怨，在痛苦中纠缠不休。

然而，如果木已成舟，任何挣扎和改变都是徒劳，那不如接受。

我们不是世界的操控者，有些事情是我们不能把握和控制的，但是我们是自己情绪的操控者，我们要清楚地明白既然木已成舟，就意味着失去了很多的可能性，哀叹和惋惜并不能挽回失去这块木头的命运。

在无法接受痛苦的时候，痛快就像是紧箍咒。越痛越紧，越紧越痛。只有战胜了痛苦，痛苦才不会折磨于你。

英国史学家卡莱尔,经过多年的艰辛耕耘,终于完成了《法国大革命史》的全部文稿。他将原始稿件送给了好友米尔阅读,他希望米尔能够给自己提出更好的建议。可是,没过多少天,米尔就脸色苍白浑身发抖地跑来,他向卡莱尔报告了一个再悲惨不过的消息。原来《法国大革命史》的原稿,除了少数几张散页外,已经全被他家里的女佣当作废纸,丢入火炉化为灰烬了,没有再找到的可能了。

更让卡莱尔绝望的是,当初他每完成一章,佣人便随手撕碎了原来的笔记、草稿,他没有留下任何记录。这意味着他若想继续,一切都必须从零开始。

但是,向子孙后代讲述法国大革命史的愿望渐渐驱散了绝望之心。他重振精神,买来一大沓稿纸,决定重新搜集整理素材,第二次完成了《法国大革命史》。

后来他说:"这一切就像我把笔记簿交给小学老师批改时,老师对我说'不行!孩子,你一定要写得更好些!'"

此后卡莱尔在第一部的基础上,更加完善地完成了法国大革命史的文稿。

很多时候,当我们犯下错误时,有的人总是待在悔恨的误区中不能自拔,为此让自己的心永远站在了失败上。

其实,既然没有能力去改变过去,既然到最后还是要承认、面对、接受,那不如早一点主动去接受那些不幸。

这样,当你接受了,就不会浪费时间再去抱怨诸多不公,抱怨自己命运坎坷。你才能心境坦然地面对,也才能由此迸发出更多的正能量。

在许多人眼中,美国著名的投资大师奥尔特·巴顿是个非常聪明的投资者。然而,巴顿即便再聪明,也有犯错的时候。

几年前,巴顿在一次看似十拿九稳的投资中,因为一个粗心的分析,导致数据出现偏差,损失了一大笔资金。但是巴顿却显得异常沉着,没有在错误出现的时候手忙脚乱,也没有推脱自己的责任,而是主动诚恳地向合伙人道了歉,并且宣布"一定会从这次失误中汲取教训"。

之后巴顿再次投资重来,他吸取教训,最终获得了巨大的成功。在接受记者采访时,巴顿大声宣告:"如果能时刻反省自己的不足,那么上一次失败的经验,将会成为这一次成功的秘诀。"

换个角度看看,不幸不正是催生美好未来的力量吗?霍金、贝多芬、海伦·凯勒之所以会取得巨大的成功,并不是因为上帝多么垂怜他们,而是因为他们勇于接受事实,接受生活的真相。

心理学家曾把轻度悲剧比作"精神补品",认为每承认一次、每面对一次,就多了一份勇气,为精神加大了承受度。这话有一定道理。

5. 得与失是相辅相成的

世人所谓的得失,大多是物质上的得失,但实际上物质上的得失只是人生中得失的一小部分。如果我们只盯着这一点,就很容易钻牛角尖,让自己活得很累。

如当一个人失败时,他很可能会感到无奈,觉得自己失去了很多,失去了时间,失去了精力,也失去信心。但实际上他也得到了很多,得到了经验,得到了教训,也得到了磨砺,为下一个成功奠定了基础。这些价值都是无法用简单的物质上的计量单位所衡量的,对以后也会产生很大的影响。

所以,我们应该学着换个角度来看得失。在某些情况下,失去本身就是一种得到,而得到也是另外一种意义上的失去。得到的越多,失去的也可能越多,而失去的越多,得到的也可能越多。因此,每个人都不要因为得到而过于欢喜,也不要因为失去而感到惋惜。因得而失,因失而得,都是常有的事情。

得与失本来就是人生中的平常事,得与失是相辅相成的,有得必有失,很多人就是过于看重"失",才会丧失对人生的信心。

其实,失并不是什么坏事情,古语有云:祸兮福所倚,福兮祸所伏。当你失去的时候,却往往会收获另一种希望。有人甚至说,一个人若是想要得到一些什么,那么就必须做好为此失去一些什么的准备。

从前有个老翁,他家的一匹马无缘无故地挣脱羁绊,不知道跑到了哪里去了。四周的邻居知道了这件事情后,都纷纷表示惋惜,还让老翁不要往心里去。不过老翁对此并不以为然,他反而来安慰邻居:"丢了马当然是件坏事,可是谁又能保证它不会带来好的结果呢?"

果然,几个月后那匹马突然自己回来了,还带回了一匹骏马。得知这个消息,邻居们又纷纷前来祝贺,还夸老汉实在是有远见。不过,老翁看起来却忧心忡忡,他说:"现在看来的确是一件好事情,而谁知道这件事情会不会给我们带来灾祸呢?"

老翁的儿子天性好武,喜欢骑马。家里凭空来了一匹骏马,着实让他高兴不已。于是,他天天骑着那匹马外出射猎。有一次,他在野外骑射时,烈马却脱了缰,他重重地摔在了地上,结果腿被摔断,成了终身残疾。善良的邻居们闻讯后,又赶来安慰老翁,可是老翁却还是一贯的作风:"谁知道这件事情会不会带来好的结果呢?"

一年过后,胡人侵犯边境,大举入塞,朝廷里到处征兵,那些身强力壮的男子都被征召入伍,结果十有八九都在战场上送了性命。而老翁的儿子因为是残疾,却逃过了这一劫,避免了这场生离死别的灾难。

这就是非常有名的典故:塞翁失马,焉知非福?

很多时候,福可以转化为祸,祸也可变化成福,这种变化深不可测,谁也难以预料。故事中的老翁在得的时候没有十分高兴,而是想以后是否会面临更多危险和困境;失的时候也没有十分沮丧,而是也许以后会给自己带来机会和希望。这种气魄,实在令人佩服。

犹太人有一句意味深长的谚语:"如果你断了一条腿,那么你就应该感谢上帝没有折断你的两条腿;如果你断了两条腿,那么你就应该感谢上帝没有折断你的脖子;如果你断了脖子,那也就没有什么好担忧的。"短短几句话,轻描淡写地将十分残酷的事情表述了出来,还带着一丝幽默,这种过人的胸襟实在令人敬佩。

所以,面对生活中的不如意时,不要放弃,不要绝望,换个角度品味一下,你便能跨越得与失的界限。

夏天的一个傍晚,一位艄公正准备划船上岸,突然看见有一个人从岸边跳了下来,艄公赶快把船划过去,原来是一位年轻的少妇。艄公将她救起,看着这位年轻的女人,艄公问:"看你年纪轻轻的,到底有什么过不去的坎,以至于要自寻短见?"

少妇哭着说道:"我结婚才两年,可是丈夫就遗弃了我;我把所有的希望都寄托在了孩子身上，可是前几天我的孩子又病死了。您说我活着还有什么乐趣？您为什么不让我死？为什么要救我？"少妇哭泣道。

艄公听完她的话，沉思了一会说："那么在两年前，你是怎样过日子的？"少妇说："那时候我是一个人，自由自在，无忧无虑呀……"

艄公又问："那时你有丈夫和孩子吗？"

少妇回答说："没有。"

艄公说道："那么你现在只不过是被命运之神送回到了两年前去，现在的你又可以自由自在、无忧无虑了，多好啊，请上岸去吧……"话音刚落，少妇恍如做了一个梦，她揉了揉眼睛，想了想，便离船上岸走了。从此，她没有再寻短见，并且开始了她的另一段人生。

艄公的几句话便打消了少妇自杀的念头儿，他所做的，只不过是从另外的一个角度帮那位少妇分析了她的人生，却让她看到了人生的希望和曙光。

人生在世，大部分的烦恼都是源于得失之心，很多人总是会感叹那小小的失，却不去想那已有的得。我们应该明白：有小失，才能有大得；有局部之失，才能有整体之得。失去，是一种痛苦，但又何尝不是一种机会呢？所以，当你用不同的眼光去看待得失时，它便会有不同的意义。

一个人只有看轻得失，才能够活得轻松、活得自在、活得洒脱，才能找到人生的坐标，找到属于自己的道路。

6. 是你想要的太多,而不是拥有的不够

老子在《道德经》中说:祸莫大于不知足。知足常乐,就是对幸福的追求持一种极易满足的态度。一个人知道满足,心里就会是快乐的、达观的,有利于身心健康的。相反,贪得无厌,不知满足,就会时时感到焦虑不安,甚至是痛苦不堪。

一股涓涓山泉,沿着窄窄的石缝,叮咚叮咚地往下淌,也不知过了多少年,竟然在岩石上冲刷出一个鸡蛋大小的浅坑,里面填满了黄澄澄的金砂,天天不增多也不减少。

有一天,一位砍柴的老汉来喝水,偶然发现了清洌泉水中闪闪的金砂。惊喜之下,他小心翼翼地捧走了金砂。从此,老汉不再受苦受累,过个十天半月的,就来取一次金砂,不用说,日子很快富裕起来。

老汉虽守口如瓶,但他的儿子还是通过跟踪发现了父亲的秘密,他埋怨爹不该将这事瞒着,不然早发大财了……

儿子向父亲建议,拓宽石缝,扩大山泉,泉水不就能冲来更多的金砂吗?父亲想了想说,自己真是聪明一世,糊涂一时,怎么没想到这一点呢?

说干就干,父子俩叮叮当当,把窄窄的石缝凿宽了。如此,山泉比原来大了几倍,浅坑也被凿得又大又深。父子俩想今后可得到更多的金砂,高兴得一口气喝光了一瓶老白干儿,醉成一团泥。

父子俩天天跑来看,却天天失望而归,因为金砂不但没增多,反而从此消失得无影无踪。父子俩百思不得其解,金砂哪里去了呢?

我们在生活中经常能看到这样一些人：他们已经拥有了很多，但还是觉得不够。就像《渔夫和金鱼》故事里的渔婆一样，自认为智慧精明，想把已经拥有的东西变得更好更多，于是开始忧虑，开始计较和愤恨别人所拥有的东西，而到最后，生活回馈给他们的是一无所有，还失去了最初的简单快乐。

古人的"布衣桑饭，可乐终生"是一种知足常乐的典范。"宁静致远，淡泊明志"中蕴含着诸葛亮知足常乐的清高雅洁；"采菊东篱下，悠然见南山"中尽显陶渊明知足常乐的悠然；曾国藩认为人生一切都"不宜圆满"，以免乐极生悲，名其书房为"求阙斋"，体现了知足常乐的智慧。林语堂说半玩世半认真是最好的处世方法，不忧虑过甚，也不完全无忧无虑，才是最好的生活，这流露了知足常乐的幽默。

明朝有个人叫胡九韶，他的家境很贫困，他一面教书，一面努力耕作，仅仅可以衣食温饱。但每天黄昏时，胡九韶都要到门口焚香，向天拜九拜，感谢上天赐给他一天的清福。妻子笑他说："我们一天三餐都是菜粥，怎么谈得上是清福？"胡九韶说："我首先很庆幸生在太平盛世，没有战争兵祸。又庆幸我们全家人都能有饭吃，有衣穿，不至于挨饿受冻。第三庆幸的是家里床上没有病人，监狱中没有囚犯，这不是清福是什么？"

事实上，我们所拥有的，并不是太少，而是想要的太多。想要太多的结果，就是自己不满足、不知足，甚至憎恨别人所拥有的，或嫉妒别人比我们拥有了更多，以致心里产生忧愁、愤怒和不平衡。

古希腊哲学家艾皮科蒂塔说："一个人生活上的快乐，应该来自尽可能减少对外来事物的依赖。"罗马哲学家塞尼加也说："如果你一直觉得不满，那么即使你拥有了整个世界，也会觉得伤心。"让我们记住,即使我们拥有了整个世界,我们一天也只能吃三餐,一次也只能睡一张床。即使是一个挖水沟的工人也可如此享受,而且他们可能比洛克菲勒吃得更津津有味,睡得更安稳。

想要快乐,就要懂得舍弃。从内心变得安宁,情绪才会好起来。托尔斯泰说:"欲望越小,人生就越幸福。"

很多时候,不是快乐离我们太远,而是我们根本不知道自己和快乐之间的距离;不是得到快乐太难,而是我们活得还不够简单。

人生的目标是没有止境的,能及时感受自己生活中平淡的幸福才会快乐。不过,能这么想的人似乎很少,因为我们总是无视现在的拥有,或许真的只有等到失去了,才知道它的珍贵……

我们要珍惜已经拥有的东西,珍惜现在,知足惜福。大多数人无视自己所拥有的,而去追求那些本不是自己真正需要的东西,直到失去本来拥有的东西时,才懊悔不已。

7. 生活从来都不缺少美,而是缺少发现

常听一些人抱怨"生活太乏味了,应多点浪漫或激情。"

如果我们能像艺术家一样热爱并设计我们的生活,那么我们的日子必然是另外一番模样。

你如果觉得日子如白开水,淡而无味,那就加点蜂蜜,或者煮开了泡几片玫瑰花瓣,或者一小撮绿茶,或者冲咖啡……你能做的很多,可以无极限发挥你浪漫的创意,让生活变得不再平淡。生活存在变化,才能让人觉得有新鲜感,才能长时间地保持着活力。

王小波曾经把人分为有趣和无趣两种,在一个无趣的时代、无趣的社会里,做个有趣的人,是不容易的。要做一个有情趣的人,首先要热爱生活,对万事万物充满爱心;其次要善于观察生活、体验生活,发现生活的情趣;最后要善于运用联想和想象去发现生活中的美和情趣。

纵观历史长河,有趣的人可不多,苏东坡算是其中一位。古人有人生四大乐事之说,苏东坡则认为,人生赏心乐事不单只有四件,而有十六件:清溪浅水行舟;微雨竹窗夜话;暑至临溪濯足;雨后登楼看山;柳阴堤畔闲行;花坞樽前微笑;隔江山寺闻钟;月下东邻吹箫;晨兴半炷茗香;午倦一方藤枕;开瓮勿逢陶谢;接客不着衣冠;乞得名花盛开;飞来家禽自语;客至汲泉烹茶;抚琴听者知音。

从这十六件乐事中,可见苏东坡极热爱生活,乐观入世,也懂得享受生活,是不折不扣的有趣之人。

"生活从来都不缺少美,而是缺少发现。"在一个有情趣的人眼中,万事万物莫不情趣盎然,蚊子可以是"群鹤舞空",蛤蟆可以是"庞然大物";而在无情趣之人眼中,世界永远是枯燥乏味的。但要想做一个有情趣的人,首先要做的是对世间万物充满爱心,其次是要有丰富的想象力,善于从普通的事物中发现美的因素。

生活中追求情趣很重要,能使我们感到人生美好,使我们更加热爱生活。一个人不能光知道工作,偶尔要做一些"无用"之事,做个有趣之人。在风和日丽时,躺在草地上看云;在下雨天,听听雨声;在晚上,看月亮数星星;躺在床上胡思乱想自己的趣事……这些看似"无用"的事,却能使我们的人生有情趣,没准儿有"大用"。

苏盈是个极富生活情趣的人。虽然她工作很忙,闲暇时间不多,她却生活得有滋有味。

　　她有时间就在用丝线编织各种小背包。那黑丝线钩织的小包，衬上孔雀蓝的底衬，再缀上各式各样饰物，俨然一件漂亮的工艺品，谁看见都会爱不释手。她家的椅子腿都套上了神奇的毛线套，害得别人去她家都舍不得往椅子上坐，生怕压坏压疼了这些可爱的小生灵。

　　在她家做客，你能吃到她自己烤制的面包，里面添加了葡萄干、瓜子、花生仁、核桃、果脯等各色果料，鲜香可口；能尝到她腌制的各色小菜，脆脆的葫芦，吃起来又香又脆，实在难忘。她熬的腊八粥、她包的咸肉粽子、她烙的肉饼，都是那么诱人，吊人胃口，每次我们都是连吃带拿，她却高兴地表示下次还要做得更多。

　　她从来没有因为忙碌的生活而影响自己的生活质量和生活情趣，大家都对她的生活热情佩服再佩服。

　　生活中积极向上的人，善良快乐的人，总是很有生活情趣。无论生活多么紧张，多么繁杂，多么无奈，他们热爱生活的心是不会变的。和这样的人在一起，能鼓舞你生活的信心，能让你感悟生活的快乐。

　　有人把生活比喻成一首歌，其实这歌并不都是欢快得令人陶醉的娱乐。她有忧伤，有凄凉，有哀痛，有呻吟。只有真正懂得生活的人们才会把她仍然当作一首歌来唱，将自己的嗓音调整到最佳的状态，努力地把握好每一个音节，就连那伤心伤情之处也要表现得凄美而惨烈。

　　人们常常羡慕功成名就、百事百顺的人，认为他们是生活中的成功者，认为只有这些得到生活回报的人才会对生活充满感激，充满信心和激情。其实，真正懂得生活的人，对生活充满爱意的人，是那些在生活中遭遇挫折和不幸的人；是那些深知生活在世上，有快乐就有悲伤，有成功就有失败，有苦涩就有甘甜的人；是那些对生活没有过多奢求而认认真真生活的人;是那些把生活本身当作幸福的人。

有趣,和身份、地位、年龄无关。有趣幽默之人,非道貌岸然的学究先生,往往是富有理解力之人,也唯有这种人,方能从平凡的生活中寻出无尽乐趣,是值得生活一辈子,喜欢一辈子的。

当我们对待工作,不,是对待整个生活,都像一个艺术家一样,敏锐地洞察每一片段之美,怀着婴儿般的好奇心去探索每一个角落,以超凡的想像力、创造力来做每一件事,这该是多么美妙的事。世界每日常新,有那么多事情等待着我们去发现,去创造,去感受,去爱,去超越。

8. 掌握好心情的法则

学会控制情绪,是一个人在生存中所不能少的程序,当然这也是自然界的游戏法则。如果你不遵守,自然界将把你"踢出"这个游戏。到那个时候,你就很难在这个世界上立足。

一个人要想掌握心情的法则,也就是要通过懂得自己的心情,达到控制心情的目的,这是一件说简单也简单、说困难也困难的事情。关键要看这个人到底花了多少的心思,甚至下了多大的决心来做这件事情。

每天,当我们在晨光中醒来的时候,心情已经悄然声息地有了改变:昨日的快乐已变成今日的哀愁,或者是昨日的忧愁已经变成了今天的快乐。当然,今日的坏心情也可能转化为明日的好心情,或者是今天的好心情转化成未来的坏心情。

在我们的心中,心情就像一个个转盘似的,不停在旋转,可能乐极而悲,可能喜极而忧。这就好比那多变的天气,阴晴不定。但是我们得知道,心情并不是不能控制的,即便它们会变化,只要我们懂得如何控制它,我们照样每天都能拥有一个好心情。

我们都知道,情绪具有自然的本性,要想控制自己的情绪,除非以自制的力量来驾驭它。否则,结果将会是失败的。就如同花草树木一样,也是自然的本性。要想改变这些,还得需要自然的力量来改变。花草树木随着气候的变化而生长,也随着气候的变化而凋零。

那么,我们要怎样才能控制自己的情绪,让自己每天都充满幸福和欢乐呢?

其实很简单,就是用心情与心情对抗。比如说,在你沮丧时,你可以用兴奋的心情来对抗沮丧的情绪,你可以大声地歌唱,可以激烈地运动;在你感觉到悲伤的时候,你可以用愉快的心情来消磨这种悲伤的情绪,你可以开怀大笑,可以多看一些轻松幽默的漫画或者是影视剧。

由此及彼,在你恐惧时,你要勇往直前;在你自卑时,你要找到自信,比如换上新装、换个自信的发型;在你不安的时候,你要表现得勇敢,比如提高嗓音、放慢脚步等。

总之,我们不能任凭不好的情绪,在我们心里横冲直撞,肆意破坏我们的心情。要知道,这种情绪在破坏我们心情的同时,实际上也是在消耗我们的精力,让我们花很大的气力,做了很少的事,或者是做了质量很差的事。不仅如此,它还是一个恶性循环,会导致我们的心情变得更差。

当然,情绪是一把双刃剑,好的情绪能帮助我们。比如说当一个人的情绪高涨时,他对待周围的人是相当温和的,办事效率会有明显的提高。但当一个人情绪低落时,他就会出现很多的差错。所以,这把双刃剑如果用不好,就会出问题,会给我们的生活和工作带来很大的麻烦。

因此，最好的办法是保持我们情绪的稳定，尽量不使它大起大落。这样才可以保持一种平静的心境,然后加上理智的作用,将我们的情绪稳定在安全线以上。

然而这种理智和情绪并不是完全孤立的,而是有联系的。比如,说一份良好的情绪可以给我们的理智指明方向，使理性趋于更加成熟、更加完善。这样就会让我们的思考变得更加顺利,心情也会变得更加愉快,成就感会体现得更加强烈,前进的脚步也就相对加快。

在控制情绪的时候,人最大的障碍就是心情的浮躁。浮躁是现代人的一种通病,其中包括嫉妒、虚荣、目光短浅,甚至有不切合实际、好高骛远等一系列的心理状态。如果有的人光想干大事,幻想一夜成为百万富翁，却没有任何行动，那么他们的心情根本就无法平静下来。一旦一个人心浮气躁,看什么都想去捞一把,犹如猴子掰玉米一样,掰一个丢一个,最终结果只会是一无所获。

要想控制心的浮躁,每个人有不同的方法,要付出的努力也是不一样。有的人很容易就做到了,很快成为了一个远离浮躁的人,而有的人却一辈子还是那个说冒火就冒火的人。

其实,控制情绪是一生的功课。因而做到下面几点,基本可以控制情绪了。

(1)暗示自己

每天要多提醒自己,把心情放平和一点,千万不要急躁,尽量使自己保持心情安静、心平气和。每当你稍有浮躁时,你就用这种暗示和自我鼓励来控制自己的心情,久而久之就会成为一种习惯。

(2)生活中形成规律

最好让自己的生活变得井井有条,让自己的生活充满规律。形成规律以后,你会发现,生活也并不是那么让你厌烦。因为生活有了规律之后,每天你都知道自己要做什么,也知道自己该做什么。这样心情自然就会好多了,而这种好心情最终也会有助于你以平静的心态去应付每天的生活和工作。

(3)多参加运动

实践证明,运动是能让自己的心情保持轻松愉快的一种很好的方法。因为运动能使人把身体里多余的精力给释放出来,而这些多余的精力也就像那些残渣一样经常堵住人们的情绪排放,最终导致情绪失控。而运动正好能给多余的情绪一个排放的方式,在流出汗液的时候,你的负面情绪也就跟着流出了人体外。

(4)回归自然

一般人都会有这种感觉,在登山或去森林中漫步时,我们会很不自觉地将自己的身心投入到大自然之中,去专心聆听大自然的声音,去呼吸清新的空气,而在此时我们所有的烦恼都会随风而逝,原本郁闷的心情也顿时烟消云散。多到大自然中,找到真实的自我吧。

第五章
感谢折磨你的人和事

1. 不是逆来顺受,而是主动承受

每个人其实都有改变自己命运的机会，关键看我们肯不肯为这个机会付出代价,如果我们视而不见,那么就不要抱怨生活的不公平。

一个具有成功潜质的人,在他受到任何打击的时候,都能保持气定神闲,不气馁不放弃,在困境中继续向前,抓住光明,寻找机会,最终创造出令人惊叹的成绩的品质。

金水泉的右腿是先天性小儿麻痹症,但他并没有为此长吁短叹,也并没有觉得老天爷对于他是多么不公,而是付出了更多的努力去获得与正常人平等的机会。他在萧山第二印刷厂跑供销业务的时候,就是凭借着自己不服输的精神,使得自己的业务量在全厂数一数二。

后来,他的事业有了一定的基础,生活日渐好转起来,他却突然出现了一次意外事故,他的左腿被压断了。为此,他失去了自己的工作,同时背上了一万多元的债务,他的人生仿佛滑落到了最低谷。

但是,他此刻却做出了让人意想不到的一个决定:借款创办彩印包装厂。建厂之初,他由自己的妹夫骑自行车带着他,一家家上门去找客户。经过不懈努力地寻找客户,把关质量,半年不到的时间,他的彩印包装厂就还清了债务。

这个世界上总有比我们更加不幸的人。当我们顾影自怜时,比我们更加不幸的人可能正在用乐观态度接受命运的洗礼,以一种积极的心态向着命运挑战。处境相同的两个人,逆来顺受的那个可能会沦落成了乞丐,主动承受的那个却有可能成为商业巨贾。

有人说:"一个人如果一辈子不遇到些事情,有可能永远是平凡的人。"然而,很多"遇到事情"的人有可能会选择逆来顺受,在这些"事情"中"摔跤"。事实上,只有当他选择勇敢地主动承受的时候,他才能够成为不平凡的人。

1960年的1月,安东尼·布尔盖斯在40岁的时候,得知自己患了脑癌,医生预言他只能活过当年夏天了。由于破产,他没有任何东西可以留给自己的妻子琳娜,而她马上就要成为一个寡妇了。虽然布尔盖斯明白他的生命即将凋零,但是他知道自己必须和命运搏斗。

布尔盖斯虽然靠做生意维持生计,但他从小就有写作的爱好,为了给妻子琳娜留点钱,他开始尝试写小说。他不知道自己写的东西能否出版,然而他别无选择。

那段时间，布尔盖斯拼命写作。在新年的钟声敲响之前，他竟然不可思议地完成了五部小说——这个数字接近英国小说家福斯特毕生的创作，两倍于美国小说家塞林格的创作。对于这一惊人的小说产量，布尔盖斯事后把它归功于自己只想尽可能多的写，以期望能用稿费为妻子留些钱。

然而最后，布尔盖斯并没有死。癌细胞逐渐消失，他的病情得到了控制。从此之后，小说创作成为布尔盖斯毕生的职业。他一生写了70多部书，算得上是一个高产的作家，其中《发条橙》是他的代表作。然而如果没有那个可怕的死亡预言，他也许根本就不会从事写作。

遇见事情，如果我们逆来顺受，只抱着消极的心态叹息命运不公，那么我们将变得更加平庸。任何成功者都不是天生的，他们因为不甘平庸，所以选择奋斗。著名的推销员乔吉·拉德在35岁的时候，他依然不能养活自己的妻子子女，但他并没有抱怨，而是选择承受生活中的一切压力，最终在汽车销售领域取得了巨大成就。

选择主动承受，其实就是选择让挫折打磨。俞敏洪说过："成功是磨出来的。"在困境中，如果我们连主动承受的勇气都没有，那么成功就永远不会到来。生命中的每段经历，都蕴藏着自我提升的机会。我们选择相信自己，就一定会有所成就，就像人们常说的那样，心有多大，舞台就有多大。

2. 批评多了，进步的良方就全了

俗话说"脊背上的灰我们是看不见的"，自己的毛病如果没有别人指出来自己也是不知道的。他人的批评正是我们改进的良机。有人把批评比作"伸向我们的一根跳杆"，因为我们只有面对批评，并不断跳跃过它们，才能越来越优秀。

松下幸之助曾经说过：有人骂是幸福。任何人都是因为挨批挨骂，才能向上进步。挨骂挨批的人，应有雅量把别人的责骂当作自己追求上进的依据，这样的批评才能发生效果。如果对受到批评反感，表示不愉快的态度，我们就失去了再次接受良好意见的机会，以后我们的进步也就停滞了。

在罗斯福任美国总统期间，当他去打猎的时候，他就会去请教一位猎人，而不是去请教身边的政治家。反之，当他讨论政治问题的时候，他也绝不会去和猎人商议。

据说有一次，他和一个牧场工头外出打猎，他看见前面来了一群野鸭，便追过去，举起枪来准备射击。但这时那个工头早已看见不远的地方还躲着一头狮子，忙举手示意罗斯福不要动，罗斯福眼看野鸭快要到手，于是对他的示意没有理睬。结果，狮子听到枪声后跳了出来，窜到别处去了。等到罗斯福瞧见，再赶紧把他的枪口移向狮子时，已经来不及开枪，只好眼睁睁地看着它逃跑了。牧场工头瞪着眼睛，向他大发脾气，骂他是个傻瓜、冒失鬼，最后还说："当我举手示意的时候，就是叫你不要动，你连这点规矩也不懂吗？"

面对牧场工头的责骂，罗斯福竟然接受了，并且以后也毫不怀疑地处处对他服从，好像小学生对待老师一般。他深知，在打猎问题上，对方确实高他一筹，因此，对方的指教于他确实是有益处的。

别人批评我们，大多时候是因为我们确实存在缺点，很多人在批评别人的同时，也经常会给别人一些意见。这样，人们所受的批评越多，进步的良方也就越多。由此可见，善于听取他人的意见，对于事业的成功是十分有益的，有时甚至是非常必要的。

查尔斯·卢克曼是培素登公司的总裁，每年花一百万美金资助鲍勃霍伯的节目。他从来不看那些称赞这个节目的信件，却坚持要看那些批评的信件。因为，他知道他可以从那些信里学到很多东西。只要是善意的批评，他认为都应该勇于接受，乐于接受。

有时候，我们确实有可能会受到不公正的批评，这时，我们也应沉住气，采取正确的处理方式，不能以错对错。

有一个企业，提前做好了人事调整的安排。老总跟秘书讲，千万不能透露消息，以免提前影响到大家的情绪，秘书同意了。

但是后来，很多人不知怎么竟然得知了公司的调整安排。在开会时，老总毫不留情地批评了秘书，说他向员工泄露了人事安排等事。老总的措辞有些严厉，秘书不能接受，秘书感到非常生气、非常"丢面子"。年轻气盛的他在情急之下跟老总顶了两句，讲了一些过火的话："大不了我就不干了！我根本就没泄露！"

公司里的其他员工都为他捏了一把汗。谁知老总并没有开除他，而是把他叫进自己的办公室，耐心地对他说："我冤枉你了，是我不对。但以后，千万不要出现这样的情况了。无论批评正确与否，都要抱着'有则改之,无则加勉'的态度,耐心地听进去,有什么出入也要心平气和地讲清楚,怎么能一批就跳,意气用事呢?"

听了老总的话,秘书大受感动,主动承认了自己的错误。同时,他还明白了接受不公正的批评也是一种有修养的成熟表现。

西方谚语说:"恭维是盖着鲜花的深渊,批评是防止你跌倒的拐杖。"因为自尊心在作祟,人们大都不喜欢受到批评,但只有接受批评才能不断让自己进步,并且找出自己的弱点加以改正。爱因斯坦非常看重他人的批评,他承认在百分之九十九的时候他都是错的。因此,面对批评,我们首先要控制情绪,理智分析,有则改之无则加勉。

接受他人的批评不是不相信自己,而是更加勇敢、更有自信的表现。人本来就具有学习型的特点,一个自信、勇敢的人会乐于听从别人的意见,一方面是勇敢地承认自己的不足,另一方面也是自信自己能够从别人的意见中吸取到经验,寻找更多良方,寻找更好处理事情的方式。

3. 挑剔的人,促使你不断完善自己

生活中,总有很多人看我们不顺眼,用尖酸刻薄的话来侮辱刺激我们,我们往往会把这样的人当成敌人。然而,罗契方卡说:"我们敌人的意见,要比我们自己的意见更接近于实情。"如果有人批评我们,在这时不要先替自己辩护,而应仔细思考敌人的话到底对不对。如果看我们不顺眼的人所指出的我们的错误确实存在,那么我们反而应该感谢他们。

当然,去感谢看自己不顺眼的人是非常困难的,但这么想想可能就想通了:每个人都会遇上你一见就不喜欢的人。同理,你也会遇上一见就不喜欢你的人。你有原因不喜欢对方,对方也有。如果你被别人看不顺眼,嫌弃了,这里面就有了值得你注意的问题。一般来说,喜欢我们的人会包容我们的缺点,所以在他们眼里,我们是完美的。但是,不喜欢我们的人,因为看不顺眼,所以总是会揪着我们的错处和短处,令我们动辄得咎。不管怎么说,我们总是有短处和错误的,改掉就是了。

职场菜鸟章珊觉得前辈讨厌自己,根本不给她安排工作,就连开会也把她当成透明人。章珊不明白是什么原因,每天惴惴不安。原来半个月前,章珊当着上司的面,指出了前辈方案的缺陷。作为新人,章珊的行为使前辈的受尊重感受挫,还给人留下了爱出风头的印象,也难怪她会被同事们孤立。怎么和上司或者同事相处,什么话该什么时候说、怎么说,什么事情该做、怎么做都是一门学问。后来,她想明白了这一点,逐步改掉缺点之后,与同事们的关系也逐渐好转了。

黄希虽然工作勤恳,但是能力不高、老实固执。上司对他很不满意,安排的工作是最初级的,涨薪幅度也是最低的。意识到这个问题后,黄希决定给自己充电,多学一点新鲜的知识,让自己快速发展。他明白:上司或者同事看他不顺眼,有时候不是无缘无故的,除了他能力不足,还可能是他不会待人处世。如果他不想被人冷落,那就审视自己、提升自己。

不同的人站在不同的立场,会有不同的看法。有时候,我们需要站在别人的角度上看看自己。自己果然有问题,那就必须改正。需要注意的是,这并不是要我们被别人的意见所左右,被那些闲言碎语所影响,做事应当坚持主见。别人的评价有对有错,而我们要做的是去接受其中对的、值得我们去改变自己的那部分。其他的,我们无须改变,比如,有的人看见别人的发型就讨厌,这样挑刺的人,没有必要理会。

在职场上"爱之深责之切"的事情,就是我们常说的"激将"。

秦凤工作不在状态,大意之下丢了几个本应该拿到的客户,上司为了激励他反思和上进就把他"冻起来"了。然而,秦凤却觉得整个公司从上到下都看他不顺眼,一咬牙辞职了。

看我们不顺眼的人,会促使我们不断完善自己。明白了这个道理,就应当正视他人的批评和冷言冷语,不断纠正自己,对批评我们的人说声"多谢指点"。一个人真正对看自己不顺眼的人做出"谢谢"的表现,能更加完善自己的人格。

李特尔是18世纪德国地理学开创人之一,他慷慨地提拔年轻的批评者弗勒贝尔的故事是感人至深的。

李特尔非但不嫉恨和打击这位鲁莽的批评者,反而把他的批评文章推荐给一个著名的学术刊物,而且他本人还在公开发表的评论里,对这位青年学者的"敏锐头脑"和"真挚思想"大加赞扬。后来,弗勒贝尔来到柏林,李特尔还热情接待,为他安排当时他极为需要的工作。一位受人尊敬的学术权威,如此对待一位毫不客气地批评他的后生,是否会使那些害怕甚至敌视批评的人觉得汗颜呢?

面对看我们不顺眼的人，与他们争得面红耳赤不仅没有任何意义，最后说不定还会成为别人说三道四的把柄。不如表现得优雅些，我们做得好，没必要争，别人看得清楚；我们做得不好，就说声"感谢"。

只有虚心接受批评的人，才能改正缺点，提升自己。所以，我们必须虚心接受批评，正视看我们不顺眼的人，让不顺眼变成一面矫正自我的明镜。

4. 陷害你的人，唤醒你冷静明智的头脑

初入职场，很多人都会有一种感觉：工作后，生活没有学生时代那么单纯美好了。学生时代，可能也会有一点儿不高兴的事情，但工作后，人与人的利益纠纷多了起来，"心眼"也都涨了不少。被别人打了小报告，结果别人说的全是捏造；熬夜找资料，却遭到无中生有的批评；被别人散布谣言，说贪污公款……诸多的事情，屡见不鲜。

人们都说办公室的斗争非常黑暗，别人有心或者无意多说一句话，就可能有人要遭殃。背黑锅，当替罪羊，被骂被炒，都不在话下。一个小职员在摊上这种事情的时候，苦水也只能往肚子里咽。

女孩汪萱，刚毕业，英语很一般，但在外企里当助理。一次，她把一份重要材料弄丢了，如果不及时找回，项目的进度就会被拖慢。好在资料第四天就找到了，项目进度也没受影响。

　　这事情本可以不上报，但是平日里就看她不顺眼的张姐表示这件事要往上报，连上报的邮件都写好了。汪萱想资料已经找到了，上司知道顶多怪自己没有保存好。她看过邮件，觉得没问题就同意发送了。谁知，邮件刚发，汪萱就被上司叫到办公室里骂了一顿。

　　问题就出在这封英文邮件上。关于丢文件这件事，应该用英文的一般过去式表示，但是邮件里却用的是现在完成式，这下意思就变成了"文件丢了，还没有找回来，结果项目进度被拖慢了"。

　　被诬蔑、攻击、造谣，生活中可说无奇不有，在有利害关系、人际关系复杂的职场、商场和官场里，对手的设套、敌人的故意栽赃，更是难以预防。有心计的人，哪怕是用一个简单的英语时态，或者一个不注意签错了的名字，都可以为他人挖一个陷阱。

　　怎么办？抱怨？愤怒？找人对质？找上司陈述冤情？运气好了，有票据、文件或证人能帮你解围，运气不好，那真的是会遍体鳞伤。有时候，哪怕有证据帮助自己解围了，也不会换回上司的一个好脸色，因为人家毕竟是上司。面对无法辩驳的诬陷，有人选择辞职证明自己的清白。结果，辞职的人不但丧失了发展机会，那些怀疑他的人反而都会认为他是没理辞职的，而辞职人的人生的清誉越发变浊。

　　虽然说："我们不可能让所有人都满意。"但是，在职场中，我们每个人的声誉都还是非常重要的。尤其是在被别人诬陷，上司也误会了我们的时候，我们的职场生涯可能会就此打住，我们甚至会丢失饭碗。

　　马上就该升职的李丽，被同事散布谣言说，最近工作总不认真，偶尔还贪污公款。明明没有的事情，但是上司还是决定暂停李丽的升职。查来查去，半年后，清白是有了，但是这件子虚乌有的事情却让她的官场生涯蒙上了阴影。

当一个人受到陷害时，是不能一味忍让的，而是要抓住机会去证明自己的清白。

刘颖把自己的策划案交给上司，上司觉得非常满意。然而，某个同事悄悄给上司发了个邮件，说："刘颖的创意是抄袭其他同事的。"整个邮件绘声绘色地描述了细节，上司便信了。于是，刘颖受到了极其严厉的批评。

面对上司的不满和经常主动帮助自己做工作的好姐妹兼同事的那份策划案，她哑口无言，没有办法证明自己的清白。让她感到伤心的是，自己的好姐妹竟然做出这种事情！

但她在这件事情里得到了教训，后来，她在做另个案子的时候，明面上还是和那个同事一起做，但是暗地里她把早就做好的策划书交给上司。这次，同样的事情再次发生，她才得以证明了自己没有抄袭。

一个人在被陷害的时候，要谨言慎行，智慧冷静地分析问题，不要气急败坏。很多人面对上司的无端指责，往往会失去理智地随意指责他人，或者说上司不辨是非、颠倒黑白，这种行为会更加让自己失去信任。

进入职场，那种有什么说什么的纯真学生时代就过去了，对周围人和事要保持清醒冷静。"害人之心不可有，防人之心不可无"，怀疑人很累，但是如果不去怀疑、不留个心眼，那么等你遭遇了"陷害门"事件，就会更累了。

自己在去做工作的时候，为自己多留一份备份，多告诉一些同事自己的做事过程，在别人给予帮助的时候，多考虑一下别人的想法，当然还要多观察周围的人和事，万事多留个心眼，没有坏处。

5. 失败的爱情，是一个成长的机会

有个失恋的女人说："经历过这段感情后，我才发觉自己以前根本不懂得爱。以为是爱，其实只不过是对伴侣不停的要求，要求自己被宠爱，要求对方服从……以前总是觉得自己是受害者，觉得永远是他的错，辜负了我的一往情深。但是，我后来发现自己错了，他不是没有为我付出，是我辜负了这段感情。"

失败的恋情，首先是一种不幸，随后却是一种幸运。一个人能经历一段失败恋爱的旅程是有福的，他能从固执、迷乱、痛苦到开悟、平静和喜乐。这样的爱，没有白费生命和青春，而是为我们带来了最大意义——让人获得成长的机会，变得更加成熟。

张晨是一个模范丈夫，他很懂得爱他的妻子，但这一切都源于一段失败的爱情。大学时，名不见经传的张晨赢得了系花胡玥的芳心。这大大满足了他的自尊心，甚至使他有了吹牛皮的资本。他说："就是这种虚荣心断送了我和胡玥的幸福，这就是年少轻狂吧。"

五年后，虽然胡玥的父母看不上张晨，几次逼他们分手，但胡玥还是顶住了父母的压力和张晨订了婚。

一天晚上，张晨和几个同事喝酒，酒酣耳热之际，不知谁起头说：

"就不信你和胡玥感情就真那么铁？不信就打赌，从现在开始你冷落她一个月，看她还跟不跟你好？"张晨头脑一发热就答应了，赌注是一顿饭。

谁知，当晚胡玥突然来找他，听大家说起打赌的事情，胡玥当时的脸色就白了，眼神也不对。可张晨在哥们儿面前不好示弱，又喝了酒，就只作满不在乎。僵持了很久，胡玥张口想说什么，却什么也没说，只是将订婚戒指拔下来掷还给了张晨。

后来张晨说："当时为了面子，我连一句挽留的话都没有说，她是含着眼泪离开我的。从那以后，她再也没有原谅我。"

拿千金不换的爱情赌一顿饭，用满足虚荣碾碎了恋人的心，这是不成熟的。后来，张晨成熟了，他说道："我想清楚了另外一件事，当你拥有一份感情的时候，你一定要用心去对待它。"

有人说："一个人至少有三次恋爱的经历。"《前度》的导演麦曦茵说："每一个前度，都是一次成长。"爱情的失败让我们发现了自己的缺点，有了接受和改变自己的机会。感谢那些相爱过的人，他给过我们的不仅是爱，还有让我们成长的机会，让我们明白什么是爱。

人在不懂事的时候，觉得恋爱就是简单的两情相悦，喜欢就好。而这样单纯的爱，往往走不到尽头，或者到了最后被现实打磨得七零八落。唯有经历过几次，我们才知道自己想要的是什么，才能选一个适合的人地老天荒。这就是经历后的成熟。

李连杰曾经在《艺术人生》里谈及自己和前妻的婚姻。他说："因为太早出名了，很小的时候又不知道感情是什么，就知道这个女孩漂亮，那个女孩对我好，就这么简单。"

李连杰表示第一次婚姻的失败在于对爱情的不成熟，没有为爱付出。他说："以前觉得被爱幸福，那是年轻人的想法，真正进入生活的时候，你爱他人的感觉真的是快乐的……我觉得婚姻是说你付出他也付出，他付出你也付出，婚姻需要彼此这样不断付出。"

有人说："离过一次婚的男人是个宝。"原因是经历过失败的爱情的人会更加成熟。这也正是现在很多女孩子找对象都更愿意找一个比自己大一点的成熟的男人的原因，她们明白和同龄或者比自己小的人交往，只能像照顾弟弟一样纵容忍受着他。而一个比自己大的男人，会更沉稳、懂生活、有内涵，会更懂得照顾女人、经营家庭，更可能过好一辈子。

台湾漫画家朱德庸说过的一句话非常好："失忆、失恋、失婚以至我们在爱情里所受的苦，都不过是一块跳板，令你成长。"失败的恋情是人生的一段经历，而你从中有所成长，这样才能对得起下一个真的珍惜自己的他。因为成长之后的爱情，才是更圆融的爱。

一次失败的爱情就是一次成长的机会。失恋并不可怕，可怕的是在失恋的泥淖中不能自拔。

6. 对吃亏心存感激

人，其实是一个很有趣的平衡系统。当你的付出超过你的回报时，你一定取得了某种心理优势；反之，当你的获得超过了你付出的劳动，甚至不劳而获时，你便会陷入某种心理劣势。很多人拾金不昧，绝不是因为跟钱有仇，而是因为不愿意被一时的贪欲腐蚀了自己纯洁的心。

据报载，盛大网络现任总裁唐骏在卡拉OK盛行的时候，研发了一个专门用于卡拉OK设备上用的打分机，演唱者唱完一首歌后，打分机会自动打出分数，这一设备增加了卖点。三星公司以8万美元的价格买断唐骏该项专利后，其卡拉OK设备在整个市场所占的份额一下子从百分之十几提高到百分之三十多。三星的竞争对手日本先锋公司向三星购买专利使用权，花了150万美元。因为三星依靠该项专利成为大赢家，很多朋友都觉得唐骏特别亏。

但这位IT行业的风云人物在谈到早年的吃亏经历时却没有一丝遗憾，相反，却对当年的吃亏心怀感激。唐骏说："应该感谢三星公司，如果没有三星来买这项专利，就没有我创业之初的8万美元启动资金，也许后来我的事业不会有现在这么顺利。"同时，唐骏也认为，这件事也教会他如何将专利变成商品，使他从一个学者型的人变成一个事业型的人。

吃亏是福，生命中吃点儿亏算什么？吃亏若是能换来非常难得的和平与安全，能换来身心的健康与快乐，吃亏又有什么不值得的呢？

吃亏是福。因为人都有趋利的本性，你吃点儿亏，让别人得利，就能最大限度地调动别人的积极性，使你的事业兴旺发达。

国内软件行业的旗帜型人物求伯君做的第一桩买卖更亏。他编写的打印驱动程序以2000元的价格卖给了四通公司后，四通公司将该程序以500元一套的价格卖了好几百套。求伯君则认为，四通也没有薄待他，录用他做了一段时间的专职软件技术员，从而为他后来步入金山公司、开发WPS软件奠定了基础。更重要的是，这次买卖让他明白了经营在软件行业中的重要性。以后，他把金山公司总裁的位置让给了有经营头脑的雷军，自己专心搞软件开发。后来，金山公司迅速腾飞，而求伯君也因此成为IT行业的巨富。

所以正确认识自己，即使吃些亏也是福。

有人问李泽楷："你父亲教了你一些怎样成功赚钱的秘诀吗？"李泽楷说，赚钱的方法他父亲什么也没有教，只教了他一些为人的道理。李嘉诚曾经这样跟李泽楷说，他和别人合作，假如对方拿七分合理，八分也可以，那么李家拿六分就可以了。

李嘉诚的意思是，他吃亏可以争取更多人愿意与他合作。你想想看，虽然他只拿了六分，但现在多了一百个合作人，他现在能拿多少个六分？假如拿八分的话，一百个人会变成五个人，结果是亏是赚可想而知。李嘉诚一生与很多人进行过或长期或短期的合作，分手的时候，他总是愿意自己少分一点钱。如果生意做得不理想，他就什么也不要了，宁愿吃亏。吃亏在李嘉诚看来是种风度，是种气量，也正是这种风度和气量，才有人乐于与他合作，他也就产业越做越大。所以，李嘉诚的成功更得力于他的处世交友经验。

吃亏是福，乃智者的智慧。不管你是老板也好，还是生意场上的伙伴也罢，手下的人跟着你有好日子过、有奔头，他才会一心一意与你合作，给你干。因为，他知道合作者生意好了他才会好。生意场的伙伴如果做生意不能赚钱，就会朝三暮四，最终分手。

有人与朋友一旦分手，就翻脸不认人，不想吃一点亏，这种人是否聪明不敢说，但可以肯定的是，一点亏都不想吃的人，只会让自己的路越走越窄。让步、吃亏是一种必要的投资,也是朋友交往的必要前提。在生活中,人们对处处抢先、占小便宜的人一般没有什么好感。占便宜的人首先在做人上就吃了大亏,因为他已经处处抢先,从来不为别人考虑,眼睛总是盯着他看好的利益,迫不及待地跳出来占有它。他周围的人会对他很反感,合作几个来回就再也不想与他合作下去了。合作伙伴一个个离他而去,他难以再找到愿意与他重新合作的人,他不是吃了大亏吗?

任何时候,主动吃亏,会有合作的机会。若一个人处处不肯吃亏,处处想占便宜,骄心日盛,难免有骄狂的态势,会侵害别人的利益,如果再起纷争,在四面楚歌之下,又焉有不败之理?

7. 为对手叫好得到的会更多

很多人在与他人初次见面时很客气,与他人短时间相处也能做到谦让付出,可是时间长了就显出种种问题来,不愿为对方付出,甚至斤斤计较起来。

人与人相处久了,会产生一种视对方为工作和生活中的竞争对手的心理,以致处处戒备和设防,对他人的笑容减少了,客气话也少了,而挖苦与讽刺却多了。

为他人多鼓掌,这种付出不需要花你多少钱,但却能给你带来众多利益及好处。

1991年11月3日夜,美国大选揭晓。当选总统克林顿在竞选总部前，在支持者们的聚会上发表即席演说。他先是言辞恳切地感谢昨天还在互相唇枪舌剑、猛烈攻击的主要政敌现任总统布什，感谢布什从一名战士到一位总统期间为美国做出的出色服务，并呼吁布什和另一位对手佩罗及其支持者与他团结合作，在他未来4年，在全面振兴美国的大变革中继续忠诚地服务于祖国。

而远在异地的布什则打电话祝贺克林顿成功地完成了"强有力的竞选"，他还调侃地告诫克林顿："白宫是个累人的地方。"并保证他本人和白宫各级人士将全力以赴地与克林顿的班子合作，顺利完成交接工作。

这种"客气"，在某种意义上就是互相付出，互相精神上的付出。竞选的成功与失败，对于布什和克林顿这两个对手来说，欢乐与悲哀都是不言而喻的。但在现实面前，两个对手保持了高度的理智，为双方的成绩表现了超然的风度。

亚力山大和大流士在伊萨斯展开激烈大战，大流士失败后逃走了。一个仆人想办法逃到大流士那里，大流士询问自己的母亲、妻子和孩子们是否活着，仆人回答："她们都还活着，而且人们对她们的殷勤礼遇跟您在位时一模一样。"

大流士听完之后又问他的妻子是否仍忠贞于他，仆人回答仍是肯定的。于是他又问亚力山大是否曾对她强施无礼，仆人先发誓，随后说："大王陛下，您的王后跟您离开时一样，亚力山大是最高尚的人，是最能控制自己的英雄。"

大流士听完仆人这句话，双手合十，对着苍天祈祷说："啊！宙斯大王！您掌握着人世间帝王的兴衰大事。既然您把波斯和米地亚的主权交给了我，我祈求您，如果可能，就保佑这个主权天长地久。但是如果我不能继续在亚洲称王了，我祈祷您千万别把这个主权交给别人，只交给亚力山大，因为他的行为高尚无比，对敌人也不例外。"

为自己付出容易，为别人付出困难，为对手付出更困难。付出既有物质上的，也有精神上的。当别人有困难的时候，你的一句鼓励就是给予，当别人成功的时候，你的几声掌声就是礼物。一些人对同行和竞争对手，多采取的是阴险的手段，或打击报复，或不知道如何化敌为友。但如果想把对手变成朋友，就要舍得为他"付出"，在对方陷入困境的时候，保持冷静，能帮则帮；当你成功的时候，不要在对方面前趾高气扬，要克制自己，尽量不流露出得意。这些就是"付出"，勇敢的"付出"。

一位成功人士说："为竞争对手叫好，并不代表自己就是弱者。为对手叫好，非但不会损伤自尊心，相反还会收获友谊与合作。"为对手叫好是一种美德，你付出了赞美，得到的是感激。为对手叫好是一种智慧，因为你在欣赏他们的同时，也在不断提升和完善自我；为对手叫好是一种修养，因为在为对手赞赏的过程中，也是自己矫正自私与妒忌心理，从而培养大家风范的过程。

第六章
你的孤独,虽败犹荣

1. 等待让自己更加成熟

　　人的一生是在等待中度过,等待和陌生人变成熟人,等待家人平安回家,等待朋友对自己的认可,等待一份感情,等待一个人。人一直在等待想要等待的,等待让一切在等待的变成现实。

　　爱情中的等待,常常叫人无奈。等待一个相爱的人在生命的转角处出现,是一个漫长的过程。短则需要三五年,长则花去所有的青春年华。当爱情在这份等待中姗姗来迟,人未必就懂得珍惜时间。约会的时候,对方总会迟到,于是你望穿秋水、引领期盼,渐渐地爱得久了,再等待就失去了耐心。其实,爱情的浓度并不会一直浓烈,随着彼此的熟悉和了解会慢慢地稀释,最终将爱情稀释成为一种习惯。但成熟的人,为了拥有爱情并且享受爱情学会了等待,学会在等待中释怀。

热恋的时候，人总是愿意痴痴傻傻地等待，但等待的时间长了继而转化为焦虑，一股脑往坏处想，令自己担忧：怎么会这么晚还没到？是不是遇到什么事情了？会不会出车祸呢？等到对方终于出现了，却并没有责怪对方迟到，只是松了一口气："担心死我了，还好没事，你没事就好。"

无怨无悔的等待在爱情中是很高尚的情操。虽然我们在等待的时候抱着手机捧着杂志，但是却显得漫不经心，眼睛时不时瞟向你认为对方会出现的方向，搜寻你所熟悉的身影，因为太爱对方了，所以能够忍受他的迟到。

但什么时候开始显得不耐烦了，不愿等待了呢？

黄月和她的男朋友相识一年，相恋半年。黄月是个很讲究的女孩子，起床后要花很多时间精心打扮，出门前更是对着镜子收拾自己的着装和仪容。

她的男朋友欧阳是一个很有时间观念的人，但是恰恰他就是可以容忍黄月的迟到，他说他喜欢的就是黄月这份仔细和对生活的精致要求。每次约会的时候，他都要等至少半小时以上，有时是开车在黄月家楼下，坐在车里听着电台等；有时是坐在餐厅里，百无聊赖地等；有时是坐在电影院里，看着手机蓝屏的光亮跟黄月发短信……黄月从未对自己的迟到感到抱歉，并不是她觉得男人等女人是天经地义的事情，而是她喜欢这种被重视的感觉。

有一次两个人约好去听一场音乐会，黄月按照往常惯例又迟到了半小时。可是欧阳在等了二十分钟的时候就不耐烦了，连个短信电话都懒得再打，转身就离去，看音乐会的心情都没有了。还有一次约会，因为堵车严重，黄月迟到了一个半小时，欧阳竟然暗骂一句：堵死算了！

分手是必然的事情。在分手的时候，黄月一点儿也不悲伤，她说："其实我迟到并不是因为我真的赶不上，而是我一直在等一个男人，他可以等我，可以安心平静地等我，无论我迟到多久，他都会过来笑着说，来了啊。"

经典情歌中唱着："有很多事，你不必问，有许多人，你不必等。"爱情濒临边缘的约会会显得十分多余，双方赴不赴约，迟到或不来，都已经没有那么重要了。不论早到或迟来，"时间"只是借口，用来帮不相爱的人彼此作为借口。

爱情需要人的等待，也需要对方的等待。只要你做得好，对方自然会潜意识里加倍对你好。当你等了半天或半辈子的人没有出现，其实根本不用过于担心，也不用为他焦虑。你能做的就是悠闲地喝杯咖啡，看看书，休息一下，把自己打扮得舒服点，随时保持从容不迫的镇定，以优雅的姿势，和爱情相遇。

良好的心态可是使等待由一件焦虑复杂的事情变得简单，很多事情如果换一种方式去处理，你也许会收到不一样的结果。愿意等待，就用等待给自己和对方更多思考的空间，让人有更多解决问题的方法；用等待让自己的那一颗浮躁的心变得平静，让自己在平静中学会等待；用等待让自己避免一场不必要的争论，让自己学会利用理智来面对冲动。这时的等待，除了涵养和素质，包含的更多的是那份深深的爱。

等待是聪明人的一种聪明的做法，利用等待让自己更加成熟，让自己变得稳重和淡定，让自己在等待中学会认清本来看不清看不透的人。

等待很简单，它需要的只是耐心。有耐心的等待，可以让一个人变得沉稳，不再急功近利，不再急于求成。男人的等待给女人留下很好的印象，她会认为你靠得住，有安全感，她愿意托付终身；而女人的等待会使男人更加怜惜你，认为你是一个知性、温柔、体贴的女人。

等待是甜蜜漫长又幸福的，给自己时间等待也给别人时间等待，让自己在等待中积淀沉静，让幸福在等待中悄然而至。

2. 戒掉浮躁之气，才能成大器

"没有人能随随便便成功"，这是一句歌词，也是一条真理。

"随便"是指空想、浮躁，只有去掉这些，发扬务实的精神，万丈高楼才能拔地而起。初入社会是一个人的品质和生涯定格的时期，如果你能在这个时期树立起务实的精神，扎扎实实地练就基本功，那么还有什么能阻碍你成功呢？

即使自身具备再优越的条件，一次也只能脚踏实地地迈一步，这是十分简单的道理。然而，很多初入社会的年轻人，在步入社会后，却把这么简单的道理忘记了。他们总想一步登天，恨不得第二天一觉醒来，摇身一变成为比尔·盖茨一样的成功人物。他们对小的成绩看不上眼，要他们从基层做起，他们会觉得很"丢面子"，他们认为凭自己的条件做那些工作简直是大材小用。他们有远大的理想，但又缺乏踏实的精神，最终只能四处碰壁。

任何一个人的成功都不是靠空想得来的，只有踏踏实实一步一个脚印地去尝试、去体验，才能最终取得成功。不管你拥有过怎样知名学府的毕业证书，也不管你获得过怎样高的奖励，你都不可能在踏出校门的第一天就获得百万年薪，更不可能开上公司所配的"宝马"

跑车,所有的这些都需要你踏踏实实地去干,去争取。如果你不能改掉眼高手低的坏毛病,那么,不但初入社会你将遭遇挫折,以后的人生旅程都将布满荆棘。

20世纪70年代,麦当劳公司看好了中国台湾市场,决定在当地培训一批高级管理人员。他们最先选中了一位年轻的企业家。但是,商谈了几次,都没有定下来。最后一次,总裁要求那个企业家带上他的夫人。

当总裁问道:"如果要你先去打扫厕所,你会怎么想?"那个企业家立即沉思不语,脸上还现出了尴尬的神情。他在想:要我一个小有名气的企业家打扫厕所,大材小用了吧?这时他的夫人却说道:"没关系,我们家的厕所向来都是他打扫的!"就这样,那个企业家通过了面试。

让那个企业家没有想到的是,第二天一上班,总裁就先让他去打扫了厕所。后来他晋升为高级管理人员,看了公司的规章制度后才知道,麦当劳公司训练员工的第一课就是先从打扫厕所开始的,就连总裁也不例外。

创维集团人力资源总监王大松曾经说:"年轻人只有沉得下来才能成就大事。无论你多么优秀,到了一个新的领域或新的企业,刚出校门就只想搞策划、搞管理,可是你对新的企业了解多少?对基层的员工了解多少?没有哪个企业敢把重要的位置让刚刚走出校门的人来掌管,那样做无论对企业还是对毕业生本人都是很危险的事情。"

所以,要想获得事业的成功,就先去掉身上的浮躁之气,培养起务实的精神,扎扎实实打好基础,基础打好了,你事业的大厦才可能拔地而起。

戒掉浮躁之气并不困难，只需把自己看得笨拙一些。这样你就很容易放下什么都懂的假面具，有勇气袒露自己的无知，毫不忸怩地表示自己的疑惑，不再自命不凡、自高自大，培养起健康的心态。这有利于更快更好地掌握处理业务的技巧，提高自己的能力，还能给上司和同事留下勤学好问、严谨认真的好印象。

认真扎实地去做基础工作，是培养务实精神的关键。越是那些别人不屑去做的工作，你越要做好。工作能力是有层级的，只有从基础做起，处理好小事，才能打好根基，培养起应对大事的能力。

要保持一颗平常心，坦然地去面对一切。如果小有成就，也不需太得意，如果遇到挫折，更不要消极失望。"不以物喜，不以己悲"的心态，会使你更加关注自己的工作，并集中精力做好它。

此外，还要切忌急于求成。事业的成功需要一个水到渠成的过程，急于求成会导致功败垂成。不管你以后从事哪一行哪一业，成功都自有其既定的路径和程序，你一步一步地走，成功自然会在不远的地方等着你；你若想一步登天，成功就会跑得比你更快，你追都追不上。

3. 孤独是要你学会和自己相处

生活中，很多人都害怕孤独。有时候，一个人蹲坐在角落里，想着曾经，想着现在，感到无助、迷茫和伤心欲绝。而情绪往往会一触即发，一发不可收拾，所有的坏情绪都在包笼着我们，我们从开始有些绝望，到流泪，最终甚至崩溃。

为什么在这么热闹喧嚣的世界中,我们却感觉越来越孤独了?我们常忍不住地掏出手机看看有没有短信和未接来电;坐在电脑前不知道干什么,不住地刷新页面看看有没有好友更新状态,时不时地打开邮箱看看有没有新的邮件;就算是在饭桌上、KTV里,也有很多人抱着手机不放……我们怎么会越来越孤独呢?

"逃离孤独!"这是很多人脑子里唯一的念头。害怕独处,所以不管是上班下班休息日,哪怕是吃饭上厕所,我们总要拉着一个人陪自己。有什么活动一定要积极参加,我们非要玩到筋疲力尽才肯罢休,回到家倒头就睡,不给自己任何独处的时间空间。

停下来问问自己:我是不是很久没有和自己单独相处了?我上次独处是多久之前的事情?当我们独处的时间越来越少时,我们就越容易迷失自己。

周国平先生在解读独处的孤独时说:"世上没有一个人能够忍受绝对的孤独。但是,绝对不能忍受孤独的人却是一个灵魂空虚的人。"越伟大越不同凡响的人,也就越孤独。"古来圣贤皆寂寞",孤独使一个人更加深刻、更加明智地观察生活的高度,观察自己的思想。一个人适当地独处,对自己的人生没有坏处,对于自己内在的气质和涵养会有一种由内而外的提升,而且这种变化是潜移默化的。人如果在孤独中跟自己相处得愉快或平静,那么,这个人的身上就会散发着自信或者稳定的人格魅力。

人生终极的自由是心灵的自由。无论一个人多么强大、多么坚强,可是他在面对自己的时候都像是个涉世未深的孩子,因为谁都可以不信可以不爱,但是我们一定要相信自己要爱自己。所以,在和自己相处的过程中,我们应完完全全是透明的,是可以无拘无束地想,是可以从容不迫地做,也可以什么都不想,什么都不做,只让自己疲惫的心轻轻地做个蓝色的梦,等待从孤独中醒来时的饱满焕发。

孤独不仅仅是一种状态,更是一种能力,可以引发抑郁症,也可以治愈自己的伤口。当不可避免的孤独来袭时,我们应勇敢地面对它,跟自己握手。人的灵魂需要孤独陪伴,那么,我们就不应该拒绝独处、逃避孤独,我们应放开所有的负情绪,拥抱着孤独的自己。

孤独可以调剂生活,享受孤独是漫漫人生行路中的一种自我休憩,可用来思考,放空心灵。

独处并不等于或者不完全等于孤独。独处是一个环境事实,而孤独是一种思维事实。每个人都需要自己的空间,用来独处不被打扰。因此,即使是我们的家人、爱人、朋友,也会有聚散离合的时候。独处可让我们学会修炼自己、反省自己,来提高内心、升华思维,来看清自己的内心。

学会享受孤独的人会发现孤独之喜。孤独之喜在于你是独一无二不可复制的唯一,即使可以克隆再造,那也不是你,你是唯一的你;孤独之喜在于你对七情六欲的体验和感受完全属于你自己,而有时候不用分享这种情感和感触也是财富,毕竟在自己的世界里癫狂,不会打扰任何人;孤独之喜在于你可以彻头彻尾地做自己,可以天马行空、胡思乱想、随心所欲,可以思考、幻想……即使你手舞足蹈或者泪流满面,也没有人会知道,更不会有人嘲笑你懦弱或是不够坚强。其实,孤独之喜的本质是,你可以在没有人的角落里做一个不为人知的自己。

4. 留一点空间给自己

爱情中,在异地的时候我们恨不能擦掉中间所有的距离,与想要见到的人拥抱。但是一旦打破了美感距离,剩下的便是最真实的彼此,磨合得来就在一起,磨合不来就痛苦将就,或者分开。

很多时候,导致分手的原因并不是不想爱,而是没有了距离。亲密的爱人之间也需要呼吸,这是每个"自我"的独立空间。而人与人之间需要保持的距离,远远近近靠自己的感觉定,原则是让自己愉快别人轻松。

在亲人之间,距离是尊重和爱;在爱人之间,距离是美丽与和谐;在朋友之间,距离是爱护和懂得;在同事之间,距离是友好;在陌生人之间,距离是礼貌。

感情的距离就像两车之间的安全距离,代表着缓冲,可以随时调整自己的速度和心情。人要想拥有生活的空间,就要学会给自己留白,给心灵留下思考的余地。

很多人既没有安全感,又不懂得自己给予自己安全感,所以这类人会非常恋家或者粘人。但是,这种感觉往往会令人窒息,甚至生厌。因为不懂得保持距离,也不管对象是谁,就开始靠近缩减双方的距离,显然是不理智的。

陈怡心从小就是在蜜罐子里长大的女孩,上了四年大学,为了能满足自己对父母的依赖,周末的时候常常就订机票飞回家跟父母团聚。在别人的眼里,她就是个令人艳羡的小公主。

工作以后她在父母的安排下进了一家外企,起初的时候大家很喜欢陈怡心。因为她虽然是个千金小姐，但是对待同事却没有一点娇气的架子，喜欢跟大家打招呼，问东问西，还喜欢在下班的时候挤进他们的活动中。

时间久了大家就开始有些想躲开陈怡心。当同事在说悄悄话的时候，陈怡心会忽然冒出来："喂！你们在说什么啊？我也要听。"当同事在讨论老板的时候她也去瞎凑热闹，却被老板叫到办公室说了一顿。

而陈怡心的男朋友也对她渐渐疏远。毕业后的陈怡心不在父母的公司工作而选择留在北京，所以她认为自己唯一最亲近的人就是男朋友了。上班时间短信不停，下班后电话轰炸，回到家后不让他单独出去，必须留在家里陪她。

有一次男友陪老总在酒店应酬，而陈怡心的电话不断，惹得老板和客户都不高兴了，男友索性就关了机。回去后陈怡心大吵大闹，嚷着要分手，男友一怒之下说："好！分手。"头也不回地摔门离去。

关于感情，女性往往是脆弱而没有安全感的，她们时时粘着男性，令男性不能忍受。其实，适当的距离才是我们表达爱的最佳方式，而不是将双方的空间全部开放、欢迎光临。毕竟爱不是枷锁，更不是用来探索别人私人空间的借口和手段。人与人之间要用爱来沟通，但是千万别把爱当作借口。

爱情的生存是需要很大的空间的，毕竟爱从来就不是追逐占有，紧密细致的距离会使对方感到窒息，也会使人更加失去自我。人都是需要有一个自我空间的。在这个空间里，没有任何东西，没有亲人、好友、爱人，只有我们自己，试着去完全地放空自己，让身体跟着心的指挥，随心所欲。

没有谁是完全真正属于谁的，别让寂寞吞噬自己的私人空间。如果你是一个有着独立思想、与众不同的人,你有自己喜欢的事情,有自己讨厌的事情,有眼泪有欢笑,那就分开自己的空间。世界这么大,你的世界也很大,不要对自己吝啬,给自己一点私人空间很必要。在那一点点的时间空间里,你不必跟任何人靠太近,每个人都有各自的生活,千万留下一个转身的距离。

有了独处的空间,人才会活得更真实、自在,才能更好地处理与对方的关系。

5. 君子慎独,孤独是品行的试金石

从小,我们受到的教育就在我们内心埋下了善恶的标准,但重要的不是我们心里有善恶,而是我们在行为中能够遵守内心的标准,而不做违反善的行为,尤其是在没有别人监督的情况下。

尼采说:"如果我们在我们一个人独处时不能像我们在大庭广众之下时那样尊重别人的荣誉,那我们就算不上正人君子。"

"慎独"这个词出自《礼记·中庸》:"君子戒慎乎其所不睹,恐惧乎其所不闻。莫见乎隐,莫显乎微,故君子慎其独也。"它的意思是说,在最隐蔽的时候最能看出一个人的品质,在最微小地方最能显示人的灵魂,一个真君子,即使在没人的时候也不会显现出一点不好的言行,而是像在人前一样。

疾风知劲草,烈火见真金。只有在独处的时候,才能知道一个人真正的品行,举个生活中常见的例子:看到地上有一百元,这个时候大多数的人都会将它捡起来放进自己的口袋中,但是由于不是自己的所以不会心安理得，一般人会先环顾四周。如果周围没有人注意他，他就捡起来心安理得地放进兜里；如果有人，他也许会喊一声"谁的钱掉了？"没人搭理的话，他就会假装是自己掉了钱，多余地说一句："哎呀，原来是我自己的钱掉了，都没发现。"然后把钱捡起来放进兜里。这个简单的现象就说明在没有人监督或者注意你的时候，尤其是独处的时候，你就很难像在公众面前那样。即使你内心向往仁德，但在独处的时候，也很有可能会把持不住放纵自己。

杨震是东汉时期的名臣，一次因公出去途经昌邑之地，曾经受到杨震提拔的昌邑县令王密在夜深人静的时候敲开他的房门，献出十两黄金以表达自己对他的感激。杨震拒绝了王密，王密对杨震说："半夜三更没有人知道，您就收下吧！这是我的一点心意。"杨震义正词严地回答："天知，地知，你知，我知，谁说没人知道！"于是，他态度决绝地把黄金退给了王密。

元代大学者许衡也有过类似经历。一日，许衡与人结伴外出，天气十分炎热，这一行人口渴难耐。所以在经过一颗挂满成熟果实的梨树时，他人纷纷跑到树下摘梨解渴，只有许衡站在那里一动不动。于是就有人问许衡："你为什么不摘梨，难道你不渴吗？"许衡回答："这不是我的梨，怎么可以随便乱摘呢？"大家讥笑他迂腐，哄笑着说："世道这么乱，谁还管这棵树是谁的呢！"许衡却不以为然，他说："世道乱，而我的心不乱，梨虽无主，可我心有主。"

慎独是社会生活的净化器。人一旦离开了别人的眼睛，个人的私欲往往会成为至高无上的追求，这时就会降低自己的道德标准。即使拥有再华丽的外表，也掩不住自私的内心。

慎独来自于人不断地反省自己，它可以使人的内心不断地变得清朗透彻,可以让人的人格越发的坚韧。慎独还是一面盾牌,它可以使人抵御来自方方面面的不良诱惑,可以使人踏实做事、坦荡为人,使得我们这个社会更加的文明有序、相处和谐。

还有些人,平时看起来中规中矩,但一遇到事情,他的本性就暴露无遗,所有的美好形象不复存在,行为举止不再温文儒雅,言谈不再礼貌舒服,取而代之的是粗俗,毫无气质、无美德可言。

慎独是一个人内在品质的试金石,也是人生正己修身的必修课。慎独可以锻炼我们,警醒我们不可失了分寸,不能没了尺度,久而久之会成为一种习惯,而慎独之人也就真正成了表里如一的君子。

慎独是一种宝贵的品德,它如空谷幽兰,虽不在人们的视野范围之内,但在高山峡谷中却能坚守自己的本分,保持自己的操守。

6. 谁也不能帮你驱除孤独,你必须学会爱自己

很多时候,一大帮人在一起打打闹闹,但你孤独的感觉却很强烈。因为你与周围的人格格不入,无法进入那种热烈的气氛里面,而在这种热烈气氛的映衬下,你更认为自己孤独。

可见,呼朋唤友,置身于喧嚣的人际之中,有时也并不能驱除孤独。

唯一的方法是哲学家说的"真正爱自己,依靠自己的力量"。

有人曾问斯多葛学派的创始人芝诺:"谁是你的朋友?"

他说:"另一个自我。"

人生在世，不能没有朋友。但在所有的朋友中，我们最不能忽略的一个朋友是自己。

能不能和自己做朋友，关键在于他有没有芝诺所说的"另一个自我"。这另一个自我，实际上就是一个更高的自我，同等重要的是你对这个自我的态度。

有些人不爱自己，常常自怨自叹，如同自己的仇人；有的人爱自己而缺乏理性，过分自恋，如同自己的情人，在这两种情况下，另一个自我都是有缺点的。

成为自己的朋友，这是人生很高的成就。古罗马哲人塞涅卡说："这样的人一定是全人类的朋友。"法国作家蒙田说："这比攻城治国更了不起。"

和自己做朋友，就要真正爱自己。

法国版ELLE曾经做过一项调查——假如我们对你的恋人或丈夫做一次采访，那你最想从他们的嘴里知道些什么？被调查者都不约而同地回答："他还爱我吗？"

他还爱我吗？这就是多数人想从恋人那里得到的答案，其中女性占多数。

而我们想问的问题却是："你还爱自己么？"

也许你会说，谁不爱自己呢？但是，你真的爱自己吗？比如说，你每天为自己真正预留了多少专属自己的时光，没有动机，没有功利，没有交换，只是让自己充分自在地舒展开来，感受着自己，感知到自己？在此之后，你才会知道如何才是真正爱自己。

在更多的时间里，你恐怕都忙于应付各种需要：为家庭，为工作，为孩子……即使在一人独处不需要应酬时，你是不是也常会忘记应酬自己？而依然在行为上或者脑子里惯性地应酬着这个或那个，或者自觉在鞭策自己，去充电，恶补情商或者管理经？

这些都不是真正爱自己的表现，都不能真正地滋养自己。爱自己，不是以物质贿赂自己——一掷千金并不见得是犒赏了自己；不是用成功来激励自己——成功也不见得能喂饱你；当然，更不是以别人的眼光或者标准来苛求自己——别人都满意了你却不一定能够满意。

爱自己就是对自己欣赏和喜欢，因为在这个世界上你是独一无二的，你就是这个世界的唯一。

爱自己，并不是盲目自恋，而是能够认识到自己的缺点，坦然地接受自己的一切，不管是优点还是缺点。真心爱自己的人懂得快乐的秘密不在于获得更多，而是珍惜所拥有的一切。如此，你会觉得自己是那样地受上天的恩宠，是那样幸福地生活在这个世界。这是一份难得的乐观心境，更是快乐的起始点。具有这样的心境的人，无论是对生活、环境，还是对周围的亲人、朋友，都会自然流露出一股喜悦之情，感动自己，影响他人。

爱自己，和另一个自我做朋友，你才能真正远离孤独。

当然，这绝不是推崇我们去在心中垒一道墙，躲在里面，拒绝关心与问候，而是要你学会和内心的另一个自我相处。这样，你就能成长为独立的一棵大树，而不是缠绕在别人身上依赖别人营养的藤蔓。大树的枝桠可以在空中恣意摇曳、伸展，没有固定的姿态，但却有一种从容、得心应手的自信。

哲学家尼采在《查拉图斯特拉如是说》中说，"你在内心深处很清楚即使你身在人群之中，你也是跟一群陌生人在一起。对你自己来说你也是个陌生人。"如果你和自己都是陌生人，即使朋友遍天下，也只是热闹而已，你的内心仍然是孤独的。

懂得爱自己，善待自己，别人就容易看到你的魅力，会称赞你，你会从这些赞扬中得到更多的自信，你也就会活得越发光彩，永远保持对生活的热情，而这是不再孤独的开始。

7. "你变了"没什么可怕

很久不见的老朋友在见面后却没有了当年的感觉，于是会欷歔感慨："你变了。"

很好的朋友因为一件事发生歧见，他忽然对你说："看看你变成什么样子了！"

从刚进公司为大家端茶送水随意差遣，到后来成为公司的高管，那些以前的好友会衷心地祝贺你为你高兴，也会有人会悻悻作态地对你说："你真的变了，以前的你不是这样子的。以前的你单纯美好，现在的你为了生意想尽办法费尽心机，变得面目全非，我不认识你了。"

很多人不曾看见过程就武断地告诉你："你变了！"

那么，你在意吗？你觉得心酸吗？世界总是在变化，而我们随着成长、成熟也必定会改变。或许我们忽然发现一直念念不忘所坚持的东西是错误的，或许我们曾经喜欢偏执的感情到了后来就成为一种怀念，也或许我们也变得与原来的自己渐行渐远……

世界上根本就不存在一成不变的人，静止是相对的。也许我们认为时间没有太大的变化，但那是因为时间在跑，而我们也在跟时间赛跑,所以我们怎么会没有改变呢?

　　90高龄的史密斯夫人在丈夫去世后双腿不再灵便,渐渐地生活不能自理,但是她依然注重仪表。每天早晨六点半起床,8点钟前穿戴完毕,头发做成时髦的样式,精心化妆一番。

　　再后来她得依靠轮椅行走,在住进敬老院的那一天,史密斯夫人耐心地在大厅等候了数小时,当有人告诉她,她的房间已经准备好了的时候,她微笑了,脸上的皱纹都显得温和。

　　在前往房间的路上,护士温声细语地对史密斯夫人描述她的新房间,有一张舒适的床、梳妆台、漂亮的窗帘……没等护士说完,史密斯夫人就开心地说:"谢谢,我很喜欢我的房间。"

　　"可是史密斯夫人,您还没有看到您房间……"

　　"这和看不看没有什么关系,"史密斯夫人回答,"我喜不喜欢这个房间其实在我看来不在于它的格局和家具是怎样的,而是不管它怎么样我都决定要喜欢它。这也是我每天早晨醒来后做的决定:假如我每天都感伤,我每天都以泪洗面,琢磨着我身体的哪一部分又不灵便了,因此给我带来这样哪样的困难;琢磨着那些已经离我而去的人,没有了他们我又该怎样怎样的悲伤,我就太痛苦了。但是我不。我选择接受,每天睁开眼睛时候都觉得每一天都是恩赐,我对每一天都心怀感激。不管我再怎么变化,我还是很爱我自己和这个世界,不去想那些已发生在我身上的事情,而是专注于现在的事情,所以我开心。"

　　是的,也许你变得没有小时候可爱了,也许你变得没有读书的时候单纯了,也许你变得没有初入职场的青涩了,也许你变得没有恋爱时的温柔体贴了……当你变得不再被自己所喜欢,变得世俗,变得不再健康你还会再开心吗？

只要被赋予了生命，我们的身体机能每时每刻都在发生变化。疾病的突袭是变化，身体的强健也是变化，人变得越来越漂亮是变化，变得越来越老也是变化，不管你如何抗拒，这些都是实实在在会发生的变化，人只有选择了接受，才可以面对，才可以更好地生活。

所以，很多事情是回不去的，但你接受开心，就可以了。所以"你变了"没什么可怕，人总在脱胎换骨，不断朝新的人生迈进。

8. 在独处中，调整自己的人生航向

有些时候，我们可能正在做一件很熟悉而令人愉快的事。事情进展很顺利，你的心情也异常轻松、如意，觉得一切都很好。可是，一个偶然的现象或者一闪而过的某个念头，突然使你想起了一件伤心的往事，你的心情在一瞬间便低落下来。

接下来你的情绪越来越不好，心里总是想一些令你感到失落的事。你想避开这种想法，可是不行，越是想忘掉的事，越是清晰、反复浮现在你的脑际。这时候，你做事的速度会随之缓慢起来，手脚变得不听使唤，明明很熟悉简单的事，你却怎么也做不好。

每个人都会遇到类似的状况，在人的一生当中，更是经常出现这种莫名其妙的低沉、失落。有时它会持续很长一段时间，甚至使你从此再也无法振作起来。很多人对此无可奈何，找不出原因是怎样。

但事实上，这种事并不奇怪，只是我们不大注意罢了。

有一位在西班牙的世界杯足球赛中，为自己的球队赢得胜利的明星球员——尤文图斯队的著名前锋保罗·罗西。他具有高超的球技，是非常优异的选手，但在世界杯以后短短的二三年内就被人遗忘了，先是被普拉蒂尼取代，然后是被马拉多纳取代。

为什么有些人一下子就消失得无影无踪，有些人却经过多年之后仍旧保有其地位，依然才能出众、备受瞩目？他与其他人有何差异？是身体的构造不同？还是在心灵、精神等方面不同？抑或是一种保持状态的能力在起作用？

实际上，我们应该注意的方向，是一个人内心的状态。

比如一名作家，在某一段时期里，他会感到有着非常强烈的创作欲望，不断地写出脍炙人口的作品来。在写作时，他会觉得思路很顺畅，文字像要从脑海里蹦出来一样。这时候他写的东西，优美感人，人物形象栩栩如生，使人读起来不忍释手。

可是，在突然的有一天，或者在他付出艰辛的努力终于写完一个长篇之后，他突然发现自己怎么也写不出东西来，尽管挖空心思，却收效不大，写出来的作品连自己也看不过去。作家忽然找不到了感觉，但却不明白这是什么道理。

实际上，这是他的状态出现了问题。

也许那位作家是因为太投入太紧张的工作和后来突然松懈形成的反差，形成了心理上的疲软和过度紧张。这时候，他只要走出家门，放松自己，去大自然走一走，在一段时间里完全不想写作上的事，没准儿再次提笔时，他会发现自己的灵感恢复如初，写作起来异常顺利。

这是调整状态的一种方法,即转移注意力。连续工作和过度紧张,容易造成工作效率及心理情绪的低下,因此我们有必要转移注意力,让自己的身体和心灵都得到休息、恢复。

而对于另一种人来说,情况则完全与此相反。这种人在取得一定的成功后,变得自大、骄傲、自以为是,从而放松了进取的主动性和积极性。他们满足于已经取得的成绩,认为自己用不着再像从前一样艰苦努力和辛勤劳作。因此他们开始讲究享受,个性也变得狂傲不羁、颐指气使、高高在上。但是这种日子不会持续太久,到他突然发现自己坐吃山空,需要重新创业时,他会惊慌失措,迫不及待地重操旧业。但此时,他们也许已找不到当初劲头十足、游刃有余的感觉,做什么事都会磕磕绊绊,极不顺利。这当然是由于身心出现问题所致。

善于调整自己的人不会允许自己出现这种松懈。不管取得了什么样的成就,他都能正确面对,心神宁静。他不会为任何的成功沾沾自喜,他也不会忘记追求成功时的艰辛和困苦,更不会为追求过程中出现的挫折而垂头丧气,失去了重新战斗的勇气。这种人,是生活的强者。

人要不断调整自己的人生航向,使自己在安全、正确的航道上高速前进,才能到达理想的彼岸。

9. 伟大是熬出来的

万通集团董事长冯仑说过:伟大是熬出来的。在万通20年的晚会上,冯仑跟著名主持人崔永元说自己的创业感想,只简单地说了两个字——"死扛"。奇虎360的掌门人周鸿祎,推崇阿甘精神,他更认为成功是熬出来的。他说:"只有像阿甘那样懂得坚持的人,一步一步地走下去,才会取得最终的成功。"

也许你刚走出校门,踏进社会,正为谋职而忧心忡忡;也许你拿到几份聘书,却取舍两难;也许你对别人步步高升,自己却得不到提升而困惑不解;也许你想闯荡出一番事业,却不知如何开始、如何进行;也许你已经取得了一定的成绩,却不知如何再提升一个层次……但你一定要知道的是:成功是熬出来的!

凭一部《明朝那些事儿》迅速走红的作家"当年明月",当记者问起他成功的原因,他说:"因为我不怕失败,我能熬。"

当明月5岁的时候,他的爸爸带他去书店,他执意要买一套《上下五千年》。当时一套书的价钱是五块六,他爸爸一个月工资才30元。买书时,爸爸问:"喜不喜欢历史?"当时的他根本还不知道历史是什么,但他的爸爸仍把这套书买给了他。

上初中时,他开始读《二十四史》。看不懂,就先从《古文观止》开始看。此后,他系统地读史,每天两小时。他在大学期间就专注研究历史,只要一到图书馆,他就全心全意地研读历史。

毕业后,他考上了海关的公务员,第一个月的工资是6000元。这意味着他可以毫无生活上的后顾之忧,可以全身心地投入到自己的爱好之中。他说："从5岁开始，一直到26岁，长达20年的时间，全部投入到历史的阅读中去，我想就是一块石头，也有开窍的那一天。"

成功是熬出来的，当我们熬过沉淀的阶段，成功自然不请自到。

西方有一句谚语："罗马不是一天建成的。"人生的成功过程就是如此，必须一点一滴地积累。马克思整整花了四十年的心血才完成了《资本论》；伟大的德国文学家歌德创作《浮士德》用了五十年的时间；著名科学家、气象学家竺可桢坚持每天记录天气情况，记录了三十八年零三十七天，其间没有一天间断……

有一个年轻的画家，觉得自己的画作是天下最好的画，自己的天资是古今中外无人能比的，而自己的画卖不出去的原因就是别人的眼光太庸俗，没人懂得欣赏自己的画。但是时间一长，由于画卖不出去，这个画家又不会干其他的事情，于是变得越来越穷，住最便宜的旅馆，甚至有的时候连饭都吃不上。

这让他很为难，于是他不得不去找一位老画家请教。当他见到了老画家之时就谈起了人们不懂欣赏的心态，这个年轻的画家说："为什么我用一天时间来画的画，用一年也卖不出去呢？"老画家笑着说："你把这两个时间倒过来试试。"年轻的画家如醍醐灌顶，原来不是没人欣赏他的画，而是他的画现在根本不值得欣赏。于是他回去就潜心作画，精雕细琢，每一幅画都画得十分用心，终于能以高额的价位卖出去，自己也成了著名的画家。

"水滴石穿"，水滴没有太大的威力，却懂得一个"熬"字。水滴虽小，却从不妄自菲薄，自暴自弃；它不急不躁，永不气馁，始终如一，矢志不移，有不达目的誓不罢休的坚定信念。而那些平庸者之所以平庸,最重要的原因就在于他们缺乏耐心而急于求成。他们在等待一段时间后,依然没能取得成功的时候,往往就会放弃,或者是转向其他的方向,这是平庸的根本原因。

事实上,"熬"是最难做的事情,需要熬过无聊,熬过痛苦,熬过一点一滴的时间。人生就像一场马拉松,在长跑的过程中,必定是枯燥乏味的,然而最后的胜利只属于"熬"到最后的人。出人头地的秘诀有两个——第一个是坚持到底,永不放弃;第二个就是当你想放弃的时候,回过头来看看第一个秘诀。唯有如此,方能成功。

第七章

当时，忍住就好了

1. 恃才傲物，聪明反被聪明误

古人说："君子要聪明不露，才华不逞。"如果一个人总是喜欢显露自己的才干，稍有名气就到处洋洋得意地自夸，喜欢被别人奉承，那么他必然会遭受很多的挫折。所以在现实生活中，我们在处于被动境地时一定要学会藏锋敛迹、装憨卖乖，千万不要把自己变成对方射击的靶子。

聪明、有才华是好事，这是事业成功的资本，但是如果你把这当作向别人炫耀自己的资本，过分显露自己的聪明才华，那么终究会得不偿失，甚至会导致你人生的失败。

三国时的祢衡，恃才傲物，"见不如己者不与语"，走到哪里都希望得到别人的尊重，如果稍有不逊，便破口大骂。不过，祢衡的朋友孔融非常看好祢衡，在曹操面前力荐祢衡。

一天，祢衡来到曹营，以为曹操会对他施大礼，让高座，敬重三分，没有想到曹操对他的态度与一般谋士并无二样。祢衡觉得自己没有受到应有的礼遇，于是便要为自己讨个说法。他在曹操面前把魏军中机智过人的谋士、勇不可当的将军贬得一文不值。祢衡视别人为无用之物，却吹嘘自己"天文地理，无一不通；三教九流，无所不晓；上可以致君为尧、舜，下可以配德于孔、颜。岂与俗子共论乎！"

对这个目空一切的狂徒，曹操当然不会收留。于是就强行把祢衡押送到荆州，送给荆州牧刘表。在刘表那里，刘表算是很看重他，给予了上宾的待遇，并让祢衡掌管荆州官府所有的文件材料。但祢衡却因为自己的高傲，对刘表左右的人很是不客气。最后弄得怨声载道，所有的人无不被祢衡骂过。于是纷纷在刘表的面前说祢衡坏话，刘表只好让他走人。刘表知道江夏太守黄祖性格火暴，肯定容不下祢衡这样的人，就让祢衡去黄祖那里工作。

祢衡曾经和黄祖的儿子黄衡做了好朋友。这次祢衡就跟着黄衡来到江夏，黄祖也是久闻其才，让祢衡出席一些宴会。可是没几次，祢衡的老毛病又犯了，见谁都不顺眼，见谁骂谁，而且在宴会上对黄祖来了个全面的评价。这次，黄祖没有容忍他的狂妄，让手下人一刀结果了他的性命。

有才华的人是让人羡慕的，才华是人的终身财富，但把才华用作傲人的资本就不能说是一件好事了，要深知人外有人，天外有天，恃才傲物如同炫耀一般终究会遭人厌恶。

俗话说得好："聪明反被聪明误。"现实生活中，很多人急于表现自己的才智，希望得到认可，然而却不知，太过于表现往往导致他们四处碰壁、举步维艰。

陈峰年纪轻轻就成为了一家银行的老板,并通过自己的能力,使银行各方面的业务都成为了同行业里面的佼佼者,吸引了一大批储户,市场的投资回报率竟达到了36%。这让陈峰颇为自傲,扬言要在3年内把储户数量再翻一番,同时还嘲笑其他银行没有竞争力,早晚要破产。

陈峰的不可一世惹来了同行的愤怒,于是有几家银行就联合起来,他们筹集了上百万美元资金,然后在陈峰的银行开了个活期存款,开了几百个户头。随后他们约定了时间,这些储户在一个月后同一时间集体去提款,在陈峰的银行大厅里排起了长长的队伍。在排队伍的同时,他们还在外面又大放谣言,说陈峰的银行资金发生问题,从而引起别的储户的恐慌,纷纷向该银行提款,一时间,银行里挤满了提款的人。结果,陈峰的银行因无法兑现只好宣告破产。

人不可没有傲骨,但绝对不能有傲气,骄傲只会让你成为众人厌恶的对象。自信是好事,但是过分地自我感觉良好则是一种无知,很可能导致名誉扫地;才高也是好事,但如果处处显摆、自以为是就会伤人伤己;权重也是件好事,但如果骄傲自大、盛气凌人、远离群众,则惹人厌烦。所以,无论何时何地,都应该谦逊低调,放低姿态做人。

任何一件事情都需要从两个方面来考虑,拿炫耀来说,原本是为了得到认可,结果却遭到排斥。那么就不妨从相反的角度来考虑:放弃炫耀,低调一些。这样才是容易获取最大收益的处世之道。

2. 争来的面子是假的,养来的心气才是真的

在生活中,我们经常看见很多人为了一点很小的事情而怒容满面,甚至与其他人大打出手,这都是欲成大事者的大忌。我们每个人都避免不了动怒,愤怒情绪是人生的一大误区,是一种心理病毒。所以克制愤怒,是人生的必修课,那些怒火横冲直撞而不加抑制的人是难成大器的。

明朝几经沉浮官员李三才的最终失败的根源就是控制不了怒气。

明神宗时,曾官至户部尚书的李三才可以说是一位好官。为什么这么说呢?当时他曾经极力主张罢除天下矿税,减轻民众负担。而且他嫉恶如仇,不愿与那些贪官同流合污,甚至不愿与那些人为伍。但是他在“忍”上的造诣却太差。

有次上朝,他居然对明神宗说:“皇上爱财,也该让老百姓得到温饱。皇上为了私利而盘剥百姓,有害国家之本,这样做是不行的。”李三才毫不掩饰自己的愤怒,说话很不客气。他的话激怒了明神宗,他也因此被罢了官。

后来李三才东山再起,有许多朋友都担心他的处境,于是劝他说:“你嫉恶如仇,恨不得把奸人铲除,也不能将喜怒挂在脸上,让人一看便知啊。和小人对抗不能只凭愤怒,你应该巧妙行事。”李三才则不以为然,反而认为那样做是可耻的,他说:“我就是这样,和小人没有必要和和气气的。小人都是欺软怕硬的家伙,要让他们知道我的厉害。”没过多久,李三才又被罢了官。

回到老家后,李三才的麻烦还是不断。朝中奸臣担心他再被重新

起用,于是继续攻击他,想把他彻底搞臭。御史刘光复诬陷他盗窃皇木,营建私宅,还一口咬定李三才勾结朝官,任用私人,应该严加治罪。李三才愤怒异常,不停地写奏书为自己辩护,揭露奸臣们的阴谋。当然他对皇上也有了怨气,居然毫不掩饰愤怒情绪,对皇上说:"我这个人是忠是奸,皇上应该知道的。皇上不能只听谗言,如果是这样,皇上就对我有失公平了,而得意的是奸贼。"

明神宗本不是清明皇帝,听后,罢了李三才的官。

制怒是人生很重要的一课。李三才耿直,但如果不分场合、不分对象,不能控制怒气,自然只能产生失败的后果了。

有一个傲气十足的富商腆着个大肚子来到寺院,站在禅师面前说:"你有什么?还不是依靠我的贡品,你才能活下去?"

禅师听到后很生气,就把富商带到窗前说:"向外看,告诉我,你看到了什么?"

"看到了许多人。"富商说。

禅师又把他带到一面镜子前,问道:"你看到了什么?"

"只看见我自己。"富商回答。

禅师说:"玻璃镜和玻璃窗的区别只在于那一层薄薄的银子,这一点点可怜的银子,就叫有的人只看见他自己,而看不见别人了。"

富商面带愧色地离去。

"事临头,三思为妙,一忍最高。"人应当提高自己控制浮躁情绪的能力,时时提醒自己,并有意识地控制自己情绪的波动。即使阐明观点,也要言之有理,不动怒。

真正的智者,既刚强又柔韧。他的强是柔中带刚,刚中带柔。因为柔能调服他人,刚能坚强己志。

常言道:人争一口气。其实真正有修养的人,是把这口气咽下去。培养好自己的气质,不要为争"面子"而争"面子";因为争来的是假的,"养"来的才是真的。

3. 给人留余地,也就是给自己留后路

生活中,我们每个人都与社会有着千丝万缕的联系,所以凡事都不要做得太绝,给人留余地也就是在给自己留后路。

有这样一则寓言:有一天,狼发现山脚下有个洞,各种动物由此通过。狼非常高兴,它想,守住山洞就可以捕获到各种猎物。于是,它堵上洞的另一端,单等动物们来送死。

第一天,来了一只羊,狼追上前去,羊拼命地逃。突然,羊找到一个可以逃生的小偏洞,从小洞仓皇逃窜。狼气急败坏地堵上这个小洞,心想,再也不会功败垂成了吧。

第二天,来了一只兔子,狼奋力追捕,结果,兔子从洞侧面的更小一点的洞里逃生。于是,狼找了一遍洞中的小出口,把类似大小的洞全堵上。狼心想,这下万无一失,别说羊,与兔子大小接近的狐狸、鸡、鸭等小动物也都跑不了。

第三天,来了一只松鼠,狼飞奔过去,追得松鼠上蹿下跳。最终,松鼠又找到洞顶上的一个小道跑掉。狼非常气愤,它堵塞了山洞里的所有窟窿,把整个山洞堵得水泄不通。狼对自己的措施非常得意。

第四天，来了一只老虎，狼吓坏了，拔腿就跑，老虎穷追不舍。狼在山洞里跑来跑去，由于没有出口，无法逃脱，最终，这只狼被老虎吃掉了。

对这一案例，各界人士说法不一。

哲学家说：绝对化意味着谬误。

宗教家说：堵塞别人生路意味着断自己的退路。

环境学家说：破坏原生态平衡者必自食其果。

经济学家说：预算和计划都要留有余地。

军事家说：除非你是百兽之王，否则，别想占有整个森林。

法学家说：凡规则皆有例外，恶法非法。

政治学家说：绝对的权利导致绝对的腐败，绝对的腐败必然导致彻底的失败。

渔民说：一网打尽，下一网打什么？

农民说：不留种子就是绝种绝收。

总之，人的生存与发展，依赖于千丝万缕的社会关系，所以无论做什么事都不要做得太绝，得为自己留一条后路。

本寓言里的狼发现了一个山洞，各种动物由此通过，为了捕获各种动物，狼把这个洞里除洞口外的所有通道都封死了，却不料将自己陷入万劫不复之地，成了老虎口中的美食。灭人者终自灭，"竭泽而渔""杀鸡取卵"，古而有之。

在人与人的交往中，也有一些人为了追求个人利益而对别人不管不顾，甚至是在别人身处逆境时落井下石，这样的做法是极其愚蠢的。因为一个人再成功，也不能保证自己就没有"倒霉"的时候，所以，把事情做绝了，到时谁又会向你伸出援手呢？

　　在一个茫茫沙漠的两边，有两个村庄。从一个村庄到另一个村庄，如果绕过沙漠走，至少需要马不停蹄地走上20多天；如果横穿沙漠，那么只需要3天就能抵达。但横穿沙漠实在太危险了，许多人试图横穿沙漠，结果无一生还。

　　有一天，一位智者经过这里，让村里人找来了几万株胡杨树苗，每半里一棵，从这个村庄一直栽到了沙漠那端的村庄。智者告诉大家说："如果这些胡杨树有幸成活了，你们可以沿着胡杨树来来往往；如果没有成活，那么每一个走路的人经过时，要将枯树苗拔一拔，插一插，以免被流沙给淹没了。"

　　果然，这些胡杨苗栽进沙漠后，很快就全部被烈日烤死了，成了路标。沿着"路标"，在这条路上大家平平安安地走了几十年。

　　有一年夏天，村里来了一个僧人，他坚持要一个人到对面的村庄去化缘。大家告诉他说："你经过沙漠之路的时候，遇到要倒的路标一定要向下再插深些；遇到要被淹没的路标，一定要将它向上拔一拔。"

　　僧人点头答应了，然后就带了一皮袋的水和一些干粮上路了。他走啊走啊，走得两腿酸累，浑身乏力，一双草鞋很快就被磨穿了，但眼前依旧是茫茫黄沙。遇到一些就要被尘沙彻底淹没的路标，这个僧人想："反正我就走这一次，淹没就淹没吧。"他没有伸出手去将这些路标向上拔一拔。遇到一些被风暴卷得摇摇欲倒的路标，这个僧人也没有伸出手去将这些路标向下插一插。

　　但就在僧人走到沙漠深处时，寂静的沙漠突然飞沙走石，有些路标被淹没在厚厚的流沙里，有些路标被风暴卷走了，没有了影踪。

　　这个僧人像没头的苍蝇似的东奔西走，却怎么也走不出这个大沙漠。在气息奄奄的那一刻，僧人十分懊悔：如果自己能按照大家吩咐的那样做，那么即便没有了进路，还可以拥有一条平平安安的退路啊！

是的，给别人留后路，其实就是给我们自己留后路。善待他人，关爱他人，实际上就是善待自己，关爱自己。

在一场激烈的战斗中，连长忽然发现一架敌机向阵地俯冲下来。照常理，发现敌机俯冲时要毫不犹豫地卧倒。可连长并没有立刻卧倒，他发现离他四五米远处有一个小战士还站在那儿。他顾不上多想，一个鱼跃飞身将小战士紧紧地压在了身下，此时一声巨响，飞溅起来的泥土纷纷落在他们的身上。连长拍拍身上的尘土，抬头一看，顿时惊呆了：刚才自己所处的那个位置被炸了两个大坑。

故事中的小战士是幸运的，但更加幸运的是故事中的连长，因为他在帮助别人的同时也帮助了自己！在我们的人生大道上，肯定会遇到许多为难的事。但我们是不是都知道在前进的路上，搬开别人脚下的绊脚石有时恰恰是为自己铺路呢？

所以，一个高明的人往往是个心胸宽广的人，而缺乏智能的人才不会帮助他人，最终断绝了自己的后路。

4. 聪明人要学会掌控情绪

情绪是个很奇妙的东西，当我们被它所困扰的时候，如果不能及时地跳出情绪的陷阱，那将一直被它所影响，这样一来，它所带给我们的消极影响就是十分巨大的。当然，这种影响是在不知不觉中进行的。所以，正视情绪问题对我们每一个人来说都是十分重要的。

有一位老太太，她有一只祖传三代的上等玉镯子，她每天都把它擦了又擦，看了又看，总是爱不释手。一天，她不小心，把玉镯子掉在地上摔碎了。老太太心痛万分，从此茶饭不思，人也变得越来越憔悴。时隔一年，她离开了人世。据说最后咽气时，她手里还紧紧握着那只破碎的玉镯子。

最新科学实验证明，癫狂症、胃肠疾病、高血压症、冠心病及乳腺癌等，都与人的情绪有着直接的关系，有的则完全是由于强烈的情绪波动所引起的。由此可知，老太太的死与她忧郁和悔恨的情绪有很大关系。

美国密歇根大学心理学家的一项研究发现，一般人的一生平均有十分之三的时间处于情绪不佳的状态，因此，人们常常需要与那些消极的情绪做斗争。

情绪问题目前还没有引起人们足够的重视，但实际上，情绪一直作用于我们的生活。街头几个菜贩因为抢占地盘不惜大动干戈，操起扁担就打了起来；公交车上因为某某不小心踩了谁一脚，便有了骂爹骂娘的声音；考场上因为紧张而出现情绪失控，导致场面陷入混乱；家庭内部的胡乱猜疑，使得血案频频发生……因为冲动，世间留下了许多悔恨不已的故事。

我们每个人都不可避免地会产生情绪，但因为面对的心态和处理的方法不一样，结果却呈现出天壤之别。

实际上，即使我们有痛苦的情绪，也完全不必把它当成是我们的敌人，它们是在告诉你一个信息，你有些地方需要改一改。当你运用这些信息对自己进行改变的时候，你就能更好地掌握自己的人生了。

学会掌控情绪，你将能享受到人生的精彩；若你总是被情绪拖着走，你不可能战胜自我，更不可能取得事业、爱情上的成功。

一个星期六的上午，汤姆去会见某知名公司的部门主管，约见地点是他的办公室。主人事先说明他们的谈话会被打断20分钟，因为他约了一个房地产经纪人，他们之间关于该公司迁入新办公室的合同就差签字了。

由于只是个签字的手续，主人允许汤姆在场。

那位房地产经纪人带来了平面图和预算，但他可能太得意了，于是就在稳操胜券的时候，他出人意料地做了一件蠢事。

这位房地产经纪人最近刚刚与这家知名公司主管的主要竞争对手签了租房合同。本应与这位主管签字就可以了，但他大概太兴奋了，于是开始详细描述那笔买卖是如何做成的，接着赞美那个"竞争对手"的优秀之处，称赞其有眼力，很明智地租用了他的房子。说完后，他拿出合同，准备签字。

谁知，这位公司的主管站了起来，感谢那位房地产经纪人做了那么多介绍，然后说他暂时还不想搬家，合同不签了。

房地产经纪人一下子傻眼了,当他走到门口时,主管在后面说:"顺便提一下,我们公司的工作最近有一些创意,形势很好,不过这可不是踩着别人的脚印走出来的。"

或许在那个时候,房地产经纪人才意识到自己在关键时刻忘了自己应该干什么,忽略了合同没签会有变数,这就是在办事时不会控制情绪的结果。

良好的情绪可以成为事业和生活的动力,而恶劣的情绪则会对身心健康产生破坏作用。因而把自己的情绪升华到有利于个人社会的高度,乃是明智的良策。在情绪易于剧烈波动的时刻,人应该保持清醒的头脑,严防偏激情绪的爆发。人的情绪和其他一切心理过程一样的,是受大脑皮层的调节和控制的,这就决定了人是能够有意识地控制和调节自己的情绪,可以理智驾驭情绪,做情绪的主人。

那么,如何学会自制呢?最好的办法就是经常将自己放在别人的位置上想想。有时自己被激怒并不是对方故意的,而是无意的行为。这种时候如果不控制自己,任由情感爆发,结果对自己肯定是没什么好处的。

5. 冲动的时候不要做任何决定

弘一法师说:"很多居士皈依佛门了,懂得了一些道理,就开始离家出走。家、工作都不要了,孩子也不管了,然后到庙里做义工,做一些善事。没有几天又动心了,想家、想孩子,又回去了,回去以后又开始造业了。这叫什么?这叫业际颠倒。这种人没有暇满的人身,所以没有解脱的机会,千万不能变成这样的人。自己一定要考虑成熟,然后才可以下决心。"

所以,心态一定要稳定,思维一定要成熟,然后才可以做决定。

有个男人,他老婆在生小孩时难产死了。幸好,他家有条聪明能干的狗,自然而然地担负起照看婴儿的重担。有一天,男人有事外出,很晚才回来。狗知道主人回来了,欢快地出来迎接。可是男人看到狗嘴里都是血,一种不祥的预感顿时涌上心头,心想是不是这狗由于饥饿兽性发作把孩子给吃了。于是他连忙赶到床边一看,没人,只看到一堆血迹。男人在狂怒之下,拿起棍子便将这条狗活活打死。谁知就在这时候,孩子哭着从床底下爬了出来,男人这才知道自己错怪了狗。四下查看,男人发现不远处躺着一条狼,已被活活咬死,再看那条狗,后腿已被严重抓伤。

原来在男人外出的时候,狼溜进来想偷吃孩子,狗勇敢地冲上去与狼搏斗,最终狗保住了孩子的生命。男人知道真相后,号啕大哭,悔恨不已,可是一切已经无法挽回。

为什么会发生这样的悲剧?那是因为男人被强烈的愤怒冲昏了理智,以至于忽视了最基本的判断与核实的步骤。其实,这也是人的通病。根据心理学家的测算,人在愤怒的时候,智商是最低的。在愤怒的关头,人们会做出非常愚蠢的决定而自以为是,也会做出非常危险的举动而大义凛然。这个时候所做的决定,90%以上都是极端错误的。

其实,很多人都是因"一时之气"而断送一生的——几乎所有的在狱囚犯都表示过后悔;很多问题、错误都是在生气的时候作了一个不理智的决定而发生的；几乎所有的罪犯在接受采访时都表示过："如果当时………"事实上,绝大多数人本质是善良的,正所谓"人之初,性本善"。真正穷凶极恶、以杀人放火为乐事的人是少之又少的。从这个意义上讲,制怒从根本上会不让太多的错误发生。

人是感性动物,生活在爱恨情仇的交织中,而人生又是处在不断的选择之中,有些选择或许无关痛痒,有些选择却事关全局;有些失误可以尽力弥补,有些错误却无力回天。因生气而做出错误决定的事,在每个人身上都发生过。如果一个人没有被那错误的决定所伤害,那要感到庆幸,但幸运并不一定永远垂青着你。所以要想把握自己的一生,使之不偏离轨道,就请记住这句忠告——在生气的时候不要作任何决定!

6. 怒气不可消灭,但可以控制

俗语说:"一个愤怒的人只张开嘴巴却闭上了眼睛。"人的愤怒如果再加上情绪的煽动,会燃烧得更为"炽热"。在盛怒的时候,人会失去理智,变成伤人伤己的危险动物。当然,愤怒也会使人赔上自己的声誉、工作、朋友及所爱的人、心情的宁静、健康,甚至失去自我。

有一天,在一家高档西装店里,一位顾客正拿着昨天刚买的西服,执意要退换,理由是西裤上有一处污点。由于是打折产品,公司规定不能退换,所以一位服务员正在耐心地跟这位顾客解释。但顾客完全不予理会,还越来越不讲理,最后还威胁说要打电话到消费者协会去举报这家店。那个服务员面对如此不依不饶的顾客,也失去了耐心,一团怒火上来,竟和顾客争吵起来。

争吵声很快引来了周围其他人的注意,而服务员非但没有停止,而且怒火越来越大,最后竟然骂出了非常难听的话,还指名威胁顾客。顾客更不服气了,于是服务员开始动手推顾客。结果因为商场地面的瓷砖打滑,顾客被推撞得一下子摔倒在地。这下围聚的人更多了,很快商场经理和主管纷纷赶来维持秩序,并且当场就解雇了这名服务员。

无法抑制的怒气无疑是伤害身心至深的本源。然而,愤怒如同其他的情绪,并非能超乎我们的控制,即便你有时候觉得自己已经控制不住了,它仍然可以被控制住。

首先要把目光集中在事情身上,而非人身上。当我们对人发怒气的时候,我们是把火力放在了人身上,常常忽视了问题本身。有时候,我们在尚未理性地看待某事之前就先发怒,变得情绪化。要避免这种情况,就需要不断提醒自己,不要偏离最初的轨道,一定要将重点转移到问题解决方案的提出上。

多年以前,美国一家石油公司的一名高级主管做出了一个错误决策,使该公司一下子损失200多万美元。当时掌管这家公司的正是大名鼎鼎的洛克菲勒。坏消息传出后,公司主管人员都设法避开洛克菲勒先生,唯恐他将怒气发泄到自己头上。

有一天,这家石油公司的合伙人爱德华·贝德福德走进洛克菲勒办公室时,发现这位石油帝国老板正伏在桌子上,用铅笔在一张纸上写着什么。

"哦,是你?贝德福德先生。"洛克菲勒说,"我想你已经知道我们的损失了。我考虑了很多,但在叫那个人来讨论这件事之前,我做了一些笔记。"

原来,在那张纸的最上面写着:对某先生有利的因素。下面列了一长串这人的优点,其中提到他曾三次帮助公司做出正确的决定,为公司赢得的利润比这次的损失要多得多。

为此,贝德福德感叹道:"我永远忘不了洛克菲勒面对棘手问题时的冷静。以后这些年,每当我克制不住自己,想要对某人发火时,就强迫自己坐下来,拿出纸和笔,写出某人的好处。每当我完成这个清单时,自己的火气也就消了,就能理智地看待问题了。后来,这种做法逐渐成了我工作中的习惯。记不清有多少次了,它制止了我去做愚蠢的事情——发火,那会导致生意场上付出惨重代价。"

当你受到别人挑衅的时候,你要先控制自己的怒气,慢慢来。不妨给自己留出10分钟的时间冷静一下,深呼吸一下,你的怒气会慢慢平息被蒸发,千万别轻易就让愤怒占了上风,为了一点小事而大动干戈,只会让怒气把你的理智给烧尽。

生气时,我们首先要切记,和睦的人际关系胜过一切,而中国也有句古话叫"和气生财"。我们从这些都可以看到和睦的人际关系对我们工作、生活、身体的益处。而我们在一般发怒的时候,是将自己的利益得失置于和睦关系之上了,只求自己舒服、自己痛快,忘记了自己发怒也会伤害到别人,从而更会影响彼此之间的关系。

人在生气时,需要直面自己内心的伤害,当我们用平静的心向对方表示我们受到的伤,相信这不仅可以医治我们,也会让那个伤害我们的人负疚。可能这个人在今后与你的交流中,他会注意方式方法,在意你的感受。记住,这里只是需要你说出自己的感受,并不是要你去指责对方。

"忍一时,风平浪静;退一步,海阔天空。"人们在怒火中烧时,不能意气用事,不能冲动,一定要克制住自己的怒火。只要我们用宽容大度的品德修养来对待事情,他人才会发自内心地产生尊敬之意,由此我们也可以体会到生活的愉快和快乐。

7. 匹夫之勇要不得

办事是要量力而行,对自己做不到的事,要说明情况,不要勉为其难。乱逞英雄、乱逞匹夫之勇,这都是修养不够的行为,这样做和一个没有理智的莽夫没有区别。

匹夫之勇这个成语,最早出现在《孟子》一书中。"匹夫"这个词,在中国古代社会中专指普通平民男子,而"匹夫之勇"这个成语带有贬义的色彩,意思是逞强斗狠、不计后果地蛮干。

据《孟子·梁惠王下》记载,有一次齐宣王对孟子说:"我有个毛病就是喜欢'勇'。"孟子听了这话后心想:人君不可无勇。"勇"并不是坏毛病,问题在于如何正确地看待"勇",于是便回答说:"勇,有小勇、大勇之别,希望大王不要好小勇,而要养大勇。"

那么,什么是小勇,什么是大勇呢?孟子说,像一个人手握利剑,瞪大眼睛,高声吼道:"谁敢抵挡我!"这就是匹夫之勇,是只能对付一人的小勇。而当国家面临强敌和霸权时,像周文王周武王敢于一怒而率众奋起抵抗,救民于水火之中,这就是大勇,所谓"文王一怒而安天下之民"。

从孟子的这段话中可以看出,匹夫之勇,是无原则的冲动,是只凭拳头和武力的血气之勇。而大勇则是孔子所说的义理之勇,也就是基于正义的勇敢;只要正义存于我方,对方即使有千军万马,也会勇往直前,大义凛然,无所畏惧。

北宋著名文学家苏轼,在他的《留侯论》一文中,进一步阐发了孟子的这个观点。文中写道:"匹夫见辱,拔剑而起,挺身而斗,此不足为勇也。天下有大勇者,卒然临之而不惊,无故加之而不怒。此其所挟持者甚大,而其志甚远也。"

这段话的意思是说,在面临侮辱和冒犯时,一般人往往会一怒之下,拔剑相斗,这其实谈不上是勇敢。而真正勇敢的人,在突然面临侵犯时,总是镇定不惊,而且即使是遇到无端的侮辱,也能够控制自己的愤怒。这是因为他的胸怀博大,修养深厚。

历史上,学会隐忍,不逞匹夫之勇的例子比比皆是。英雄之忍可以铸成大事,匹夫之勇只会贻笑大方。

春秋时,越王勾践被吴王夫差打败,在吴国囚禁三年,受尽了耻辱。回国后,他决心自励图强,立志复国。

十年过去了,越国国富民强,兵马强壮,将士们又一次向勾践来请战:"君王,越国的四方民众,敬爱您就像敬爱自己的父母一样。现在,儿子要替父母报仇,臣子要替君主报仇。请您再下命令,与吴国决一死战。"

勾践答应了将士们的请战要求,把军士们召集在一起,向他们表示决心说:"我听说古代的贤君不为士兵少而忧愁, 只是忧愁士兵们缺乏自强的精神。我不希望你们不用智谋,单凭个人的勇敢,而希望你们步调一致,同进同退。前进的时候要想到会得到奖赏,后退的时候要想到会受到处罚。这样,就会得到应有的赏赐。进不听令,退不知耻,会受到应有的惩罚。"

到了出征的时候,越国的人都互相勉励。大家都说,这样的国君,谁能不为他效死呢?由于全体将士斗志十分高涨,终于打败了吴王夫差,灭掉了吴国。

面对逆境,勾践没有冲动冒进,没有逞匹夫之勇,而是选择了隐忍和等待,在等待中积蓄力量,最终赢得了战争的胜利。古语"小不忍则乱大谋",为了大谋,就要忍得眼前的羞辱,"留得青山在,不怕没柴烧"。

我们知道,项羽虽然是一个失败的英雄,但是司马迁却称赞他说:"当年秦国政治腐败,百姓纷纷起来反抗,项羽在陈涉这个地方领军对抗,前后只花了三年时间,就把秦国灭掉,然后将得来的天下分封给各王侯贵族,成为称雄一方的霸主。虽然最后他失去了霸主的地位,但是他的功绩伟业,近古以来还没有人能做到。"

而刘邦做了皇帝以后,在洛阳宫摆设筵席宴请群臣的时候说:"我之所以能成功,顺利取得天下,是因为能够知道每个人的特长,并且也懂得如何让他发挥长处。"然后他问韩信对自己的看法。

韩信回答说:"大王您很清楚自己各方面的才能与长处,因此您其实心里明白,说到机智与才华,其实是不如项王。不过我曾经当过他的部下一段时间,对于他的性情、作风、才能,了解得比较清楚。项王虽然勇猛善战,一人可以压倒几千人,但是却不知道如何用人。因此一些优秀杰出的贤臣良将虽然在他手下，可惜都没能好好发挥各自的专长。所以项王虽然很勇猛，却只是匹夫之勇，做事不懂得深谋远虑、三思而行。而大王任用贤人勇将，把天下分封给有功劳的将士，使人人心悦诚服，所以天下终将成为大人您的。"

匹夫之勇是一种盲动冒进，英雄之忍是一种战术迂回，先发制人固然痛快，后发制人则更加有力。

看过电视剧《汉武大帝》的人都知道，匈奴一直是古代中国的梦魇。西汉初期国弱民贫，面对匈奴步步进逼和挑衅，暂且忍气吞声，以和亲等安抚政策与之周旋，同时加紧富国强兵。直到汉武帝时期，西汉王朝的强盛已是如日中天，终于到了出兵时机。卫青、霍去病率大军穿草原、跨沙漠，万里征战十余年，将匈奴剿杀得元气尽丧。至此，匈奴之患基本从中国历史上消失。如果汉初就与匈奴硬拼，恐怕被灭掉的不是匈奴而是大汉了。

水往低处流，那是一种迂回和策略，正因为水肯在大山的阻隔下改道，最终才会赢得"青山遮不住，毕竟东流去"的胜利。生活中，当我们面对无端的责难、面对百般的嘲讽、面对不平的待遇、面对一切我们难以忍受的苦楚时，请发扬流水不争先之隐忍精神，多一些理智，少一些鲁莽，走好人生的每一步，走稳人生的每一招，步步为营，招招制胜！

8. 管好自己的舌头

每个人都有自己的生活环境,环境造就了每个人在处事原则与方法上存在着的差异,这就好比穿鞋,倘若我们不穿上别人的鞋,怎么会知道别人的脚是舒服还是痛苦呢?

《伊索寓言》中有句名言:"世界上最好的东西是舌头,最坏的东西还是舌头。"人要懂得"祸从口出"的道理,管住自己的舌头。

范雎在卫国见到秦王,尽管秦王求教再三,他都沉默不语;诸葛亮在荆州,刘琦也是多次请教,诸葛亮同样再三不肯说。最后到了偏僻的一座阁楼上,去了楼梯,范雎和诸葛亮才分别对秦王和刘琦指示今后方向,所以历史上的"去梯言",就表示慎言的意思。

东晋时代的王献之,一日偕同二个哥哥王徽之、王操之去拜访东晋当代名人谢安。徽之、操之二人放言高论,目空四海,只有献之三言二语,不肯多说。三人告辞以后,有人问谢安,王家三兄弟谁优谁劣?谢安淡淡说道:慎言最好!

有些人喜欢信口雌黄,好谈论是非、说三道四、大放厥词、谬发议论,有些人喜欢危言耸听、标新立异、故弄玄虚、薄唇轻言、冷语冰人,说话如剑,到处制造"口业"。所以,让人感到人世间惟哑巴是最慎言的人,也是最不造作"口业"的人。

艾子发高烧,梦游阴曹地府,正见阎罗王升堂问事。有几个鬼抬上一个人,说:"这人在阳世,干尽了缺德事。"

阎王命令道:"用100亿万斤柴火烧煮。"马面鬼上来押解。

那人私下里探头问马面:"你既然主管牢狱,为何穿着这么破烂的豹皮裤子呀?"

马面说:"阴间没有豹皮,如果阳间有人焚化才能得到。"

那人立即说:"我姑姑家专门打猎,这种皮子多着呢。如果你肯怜悯,减少些柴,我能够活着回去,定为你焚化10张豹皮。"

马面大喜,答应减去"亿万"两字。煮烧时也只是形式而已。

待那人将归时,马面叮嘱道:"可千万不要忘了豹皮呀!"

那人回头对马面说:"我有一诗要赠送给你:马面狱主要知闻,权在阎王不在君,减扣官柴犹自可,更求枉法豹子皮。"

马面大怒,把他又投入滚沸的水锅里,并加添更多的柴去煮。

艾子醒后,对他的徒弟们说:"必须相信口是祸之门啊!"

由此我们知道,一个成熟的人要知道什么话该说,什么话不该说;有些话什么时候能说,什么时候不能说。

嘴巴,可以是吐放剧毒的蝎子,令人生畏远避;也可以像柔软香洁的花苑,散发清和喜悦,为人间邀来翩翩的彩蝶。《吉祥经》就说:"言谈悦人心,是为最吉祥。"为我们的嘴巴洒几滴馨香的甘露吧,让我们的言行种几棵芬芳的树吧!让它行列井然,终日咏快乐,生活在美妙的欢乐园。

第八章

拆掉思维里的墙, 走少有人走的路

1. 在别人的经验里思考自己的出路

聪明人做事, 讲究方法和捷径。他们直接或间接运用他人的方法, 往往能够事半功倍。

捷径, 并不是偷懒, 也不是投机取巧, 它代表了成就和效率。很多时候, 尤其是在比较紧张的时候, 寻找捷径往往能取得非常好的效果。

在一次数学课上, 老师给大家出了这样一道数学题: 请问, 将1至100之间的所有自然数相加, 和是多少? 老师承诺, 谁做完这道题, 谁就可以放学回家。

为了能尽快回家享受那自由而快乐的美好时光, 同学们都努力地算了起来, 有的人甚至额头上都渗出了汗。只有高斯一人静静地坐在自己的座位上，他一只手撑着下巴，一只手无意识地摆弄着手中的铅笔。他在寻找一种可以快速解答这个问题的办法。

过了一会儿，小高斯举手交答案了。

"老师，这道题的答案是5050。"高斯很自信地说。

"你可以给出你的方法吗？别人可连一半都没有加完啊！"老师略带吃惊地问。

"当然。你看，100+1=101，99+2=101……以此类推，到50+51=101时，恰好得到了50个101，因此最后的结果也就是5050了。"

老师对高斯的解答十分满意，并确信他将来一定会有所作为。后来，高斯真的成为世界知名的数学家。

做任何事情，都既要勤奋刻苦又要开动脑筋。只要方法找到了，做起事来才会更快、更好。

西方有一句有名的谚语，叫作Use your head，就是多多动脑的意思。许多人一生都遵循着这句话，解决了很多被认为是根本解决不了的问题。在现代社会，每个人都会想尽一切办法来解决生活中的一切问题，而最终的强者是拥有办法最巧妙的那些人。

有一个人在一家建筑材料公司当业务员。虽然产品不错，销路也不错，但产品销出去后，总是无法及时收到回款。所以，当时公司最大的问题是如何讨账。

有一位客户买了公司10万元产品，但总是以各种理由迟迟不肯付款。公司先后派了三批人去讨账，但都没能要到货款。这个人到公司上班不久，就和另外一位员工一起被派去讨账。他们软磨硬泡，想尽了办法。最后，客户终于同意给钱，叫他们过两天来拿。

两天后他们赶去，对方给了他们一张10万元的现金支票。

他们高高兴兴地拿着支票到银行取钱，结果却被告知，账上只有99930元。很明显，对方又要了个花招，给的是一张无法兑现的支票。马上就要春节了，如果不及时拿到钱，不知又要拖延多久。

遇到这种情况，一般人可能就一筹莫展了。但是这个员工突然灵机一动，赶紧拿出100元钱，让同去的人存到客户公司的账户里。这样一来，账户里就有了10万元，他立即将支票兑了现。

当他带着这10万元回到公司时，董事长对他大加赞赏。之后，他在公司不断发展，5年之后当上了公司的副总经理，后来又当上了总经理。

是的，当谁都认为工作只需要按部就班做下去的时候，偏偏就有一些优秀的人，找到更有效的方法，将效率大大提高，将问题解决得更好更完美！正因为他们有这种"找方法"的意识和能力，让他们以最快的速度得到了认可！

我们再来看一个故事：

1793年，守卫土伦城的法国军队发生叛乱。在英国军队的援助下，叛军将土伦城护卫得像铜墙铁壁，前来平叛的法国军队怎么也攻不下。

土伦城四面环水，且有三面是深水区。英国军舰在水面上巡逻，只要前来攻城的法军一靠近，就猛烈开火。法军的军舰远远不如英军的军舰先进，根本无计可施。

就在这时，法国军队一位年仅24岁的炮兵上尉灵机一动，当即告诉指挥官："将军阁下：请急调100艘巨型木舰，装上陆战用的火炮代替舰炮，拦腰轰击英国军舰，以劣胜优！"

果然，这种"新式武器"一调来，英国舰艇无法阻挡。仅仅两天时间,英军的舰艇就被火炮轰得七零八落,不得不狼狈逃走。叛军见状,很快就缴械投降了。

经历这一事件后,这位年轻的上尉被提升为炮兵准将。这位上尉就是后来成为法国皇帝的拿破仑!

像很多杰出人物一样,拿破仑的成功,相当程度上是在关键时刻找到了有效解决问题的方法,从而使自己走上了一个新的台阶,获得了一个有高度的新起点! 有了这样的新起点,才有了更大的舞台,才能吸引更多的人向自己看齐,才有更多的资源向自己汇集。

在北大的历史课上,老师说:"只要仔细观察,我们都能从周围的人身上得到启发和教训。这如同古语:前车覆,后车诚。成功者的头脑在于:他们善于总结他人的失败。"

1982年的时候,本田在美国重型摩托车市场拥有40%的占有率,是哈雷最强劲的对手。因为骑摩托车的人都认为本田的摩托车不但价廉,而且比哈雷的耐用好骑。

于是,哈雷摩托车的主管前往本田摩托车设在俄亥俄州的工厂访问,结果令他们大吃一惊。哈雷原本只想学习本田的科技,但是他们在本田厂内看不到电脑,也没有机器人,只有少量的纸上作业。他们找到的除了30名领导以及470名装配工人外,再没有别的东西。

哈雷发现,日本摩托车只有5%会在生产线末端被剔除,而哈雷却有五到六成,光因为缺少零件而被剔除的就比日本机车的总剔除率高出好几倍。有的时候是因为零件在仓库储存过久,等到送上生产线时已经生锈。

经过苦心研究本田的经验之后,哈雷终于发现问题的症结所在。

譬如说，哈雷以电脑化库存管理来控制整个制造过程，在当时以美国的标准而言是先进的。但是当研究过日本工厂之后，哈雷发现美国的这套做法其实只会生产许多废料而已。

日本人的秘招则很简单：本田和其零件供应商每天只生产一点点所需零件，而不是像美国那样每年只生产几次，每次就是一大批。零件得以"及时"生产，公司每年就可因无库存而节省数百万美元的利息，也没有零件因储存而耗损，既节省空间，又简化了整个工厂的作业。如果发现不良零件，通常也只生产一两天，也容易更正。

五年以后，哈雷重整旗鼓，在美国重型摩托车的市场占有率从23%增至46%，销售额也达到了空前的1770万美元。

为什么？因为在本田的参观使哈雷的态度有了革命性的转变，哈雷引进了本田的库存管理系统，将其中的员工参与模式和以统计数据为基础的品质制度，与扎根美国本土，了解美国人心理的特长相结合，使哈雷在美国国内重型机车市场的占有率提高，并且成为世界级的角逐者。

本田的赢，赢在它的仔细与统筹，而这也是哈雷可以学习的地方。哈雷董事长在比较两个工厂时说："实在很难相信我们会那么差，但我们的确是很差。"

哈雷公司借鉴了本田摩托的经验，终于走上了复兴之路。如果哈雷没有去自己的对手本田那里参观，没有及时学习本田成功的经验，哈雷未必能够取得成功，即使成功了，花费的时间也一定比直接借鉴本田的经验要多得多。

人，最大的悲哀，不在于无知，而在于不知道自己无知，而知道了自己无知，不愿意学习，便更是无知中的无知。

我们在生活中，总是遇到各种各样的麻烦、各种各样的问题，这个时候，从别人那里学到经验则是我们能够成功规避不必要的失败的重要手段。

经验的意义就在于，他人的失败，值得我们引以为戒；自己的失败，更要时刻牢记。

事实上，我们完全可以避免许多不应该有的错误，因为很多事，我们都有案例可以借鉴。观察、思考前人的经验和教训，不仅可以节省大量的探索时间，还会避免犯下很多探索中的错误。

2. 不要小看你脑中一闪而过的那些想法

任何时候，都不要小看你脑子中一闪而过的那些想法。哪怕看起来是荒诞不经的可笑的念头，都是瞬间迸发出的思维火花。

记得《北大往事》里有这样一句话：什么是文科生和理科生的分别，就是文科生踩在银杏落叶上有感觉，理科生则无动于衷——这或许是个笑话，却反映了一种看法。就是许多灵感都产生在"非常"的场合或时间，甚至在梦中。当灵感到来之时，它是这样的强烈而生动；当它离去之时，又是这样的迅速而飘忽！如果不及时抓住，它就会像一只狡猾的狐狸会迅速溜掉。

爱迪生曾经这样说："一个人应当更多地发现和观察自己心灵深处那一闪即逝的火花。"

关于牛顿与苹果的故事流传很广。1665年，牛顿23岁。在一个美丽的月夜，牛顿正坐在院子里思考什么。突然一只苹果落到地上，打断了他的思路。爱想、爱问、爱思考的牛顿把思路转向了苹果落地，他想，为什么苹果不能飞到天上去，而是落在地面上？那可能是因为苹果熟透了，它离开了树枝无可依靠才向下面坠落；那可能就是因为大地对苹果有吸引力，所以它才被吸到地面上来。我们人不也是一样吗？地面上的东西不都是一样吗？都是紧紧被地面吸住而不能离开。但是天上的月亮为什么不掉下来呢？它也是挂在空中，无依无靠，是不是也应该落到地上来呢？可事实并不是这样，那是什么道理呢？这一连串的问题叩响了牛顿的心扉，他紧追不放，一定要搞个明白。经过长期的研究，终于发现了自然界最大奥秘之一的万有引力定律——牛顿运动第三定律。

而有意思的是，在科学界，很多的发现和发明都与梦有关。，元素周期表的发现就是一例。

1869年，已经发现了63种元素，科学家无可避免地想到，自然界是否存在某种规律，使元素能有序地分门别类、各得其所？35岁的化学教授门捷列夫苦苦思索这个问题，夜以继日地思考分析，简直是着了迷。一天，疲倦的门捷列夫进入了梦乡，在梦里他看到了一张表，元素纷纷落到合适的格子里。醒来后他立刻记下了这个表的设计原理：元素的性质随原子序数的递增，呈现有规律的变化。

半个多世纪前，日本横滨市有个叫富安宏雄的居民，因患病整天躺在床上，他辗转反侧，难以入眠。一天，他床边的火炉正在烧开水，茶壶盖子上迸出白色的水汽，并且发出"咔嗒咔嗒"的声音。富安宏雄觉得那种声音实在不好听，气恼之下，拿起放在枕头边的锥子用力地向水壶投掷过去。锥子刺中了水壶盖子，但是并没有滑落下来。奇怪的是，这样一刺，"咔嗒咔嗒"的声音反而立刻停了下来。他感到很诧异，整个人被这个意外的事实震慑住了。富安宏雄更无法入睡，他开始在床上大动脑筋。以后他亲自试验了好几次，证实了水壶盖上如果有个小孔，烧开水时就不会发出声音了。于是他琢磨道："我必须把这项创意好好利用，尽全力让它开花结果才行！"他在拖着病躯奔走了一个月后，其创意终于被明治制壶公司以2000日元买了下来。当时的2000日元约等于现在的1亿日元。

富安宏雄将水开了要响的茶壶变成不响，因而赚了1亿日元；我国又有企业家因特意将茶壶变成响壶，而赚了大钱：某水壶厂厂长听到朋友抱怨烧开水时经常因为忙家务忙其他事情而忘记正在烧的开水，他为朋友的水壶加了一个可以被水蒸气吹响的哨子，大受朋友的赞扬。厂长推而广之，将加了哨子的水壶变为"响水壶"，大批量推向市场，使工厂成了当地的知名企业。

陈丹青先生曾经风趣地在北大演讲说："这北大精神到底是什么？不同的时代，不同的人，都有不同的理解。也许它只是一个元素的众多同位素，一种单质的同素异形体，一个晶体在阳光下灿烂的色彩，而那元素的名称，那单质的分子式，那晶体的真正结构，永远没有人能够说得清。"所以，任何时候，都不要小看你脑子中一闪而过的那些想法，哪怕看起来是荒诞不经的可笑的念头，也许都是瞬间迸发出的思维火花。

3. 联想好比所罗门大帝的宝藏

做人一定不能拘泥不化,要学会联想,联想好比所罗门大帝的宝藏,而联想思维的训练就是挖掘这个宝藏所进行的考古过程。

有一位教授说:"我们要先确立这个宝藏的所在,有一个好的起点,然后要依靠知识和技能设想挖掘这个宝藏要遇到的困难,也许我们会遇到机关陷阱,也许我们会看到海市蜃楼,也许会有守殿的骑士阻碍我们的行程。当然我们的训练与考古相比具有绝对的安全性,可是训练的过程却可以向考古一样充满奇趣。随着联想思维的拓展,你会为自己的想法而惊奇!这个过程不会是枯燥的体育锻炼,也不会是抓破头皮的数学计算,可是需要你绞尽脑汁去想你从来未曾想过以及你觉得根本不可能的问题,一切奇怪的意念也好,惊世骇俗的想法也罢,我们要的就是这样的效果!"

法国格洛阿是位天才数学家,有一天,他去找朋友鲁柏,来到罗威艾街的一幢四层楼的公寓,走进二楼九室。

看门的女人这样告诉他,鲁柏先生在两星期以前就死了,是被人用刀子刺死的。鲁柏先生父母刚寄来的钱也被偷去了,犯人还没有抓到。

这女人抽了抽鼻子继续说:"鲁柏是我的同乡,我每次做馅饼,总要给他尝尝,他死的时候,两手还紧紧握着没吃完的半块饼。警察也感到迷惑,一个腹部受了重伤都快要死的人,为什么要抓住那小块饼呢?"

格洛阿问:"有没有犯人的线索?"

看门的女人回答："请说得轻一点，犯人肯定住在这幢公寓里。出事前后，我都在值班室里，没见有人进这公寓。可是这公寓有60个房间，上百人……"

格洛阿发动"脑细胞"，帮助寻找杀害他朋友的凶手。默默地过了几分钟后，格洛阿问："三楼有几个房间？"看门的女人答："1号到15号。"

然后，格洛阿让看门的女人带她去看，走到三楼走廊尽头的时候，这位数学家问道："这房间住的是谁？"看门的女人说："是个叫朱塞尔的人，是个浪荡子，爱赌钱，好喝酒，他昨天已经搬走了。"

"糟糕！这个家伙就是杀人犯！"格洛阿下了断语。后来朱塞尔落入了法网，这事确实是他干的。

大家来猜猜看，格洛阿是如何得出这样的结论的？其实他的思路是这样的：被害人手里紧握着的馅饼是一种暗示，馅饼英语叫"pie"，而谐音在希腊语就是"π"。大家知道它代表圆周率，即3.14，这块馅饼所暗示的就是凶手住在三楼14号房间。鲁柏先生也喜欢数学，这就是他临死时极力想留下的有关凶手的线索。

联想通常表现为事项之间的跳跃性连接，在这一思维过程中，它受到逻辑的制约，反过来又常常受到联想的支持。人缺少了联想，思维流程就会被堵塞。

联想的能力在我国古典诗词里有着充分的表现。李煜《虞美人》中说"问君能有几多愁，恰似一江春水向东流"，这里就用"一江春水"来联想、形容愁的"几多"。曹子建的七步诗："煮豆燃豆萁，豆在釜中泣，本是同根生，相煎何太急。"寥寥数语，把兄弟之间的残杀，刻画得如此形象逼真。其实，中国古典诗歌中最常见的那些修辞手法"夸张""比喻"等，都是联想思维的必然结果。

关于跳跃联想的训练比较复杂,思维向哪里跳、如何跳、怎么样才算大跳跃、怎么样才算是小跳跃等等,要结合具体问题来讨论。

在这里,北大教授教给大家两种简单的跳跃联想训练方法:

1)自由联想训练,即随便找一个词汇起头,在规定的时间内快速联想,就像刚才我们做的思维游戏一样,要求想到的词组概念越多越好,这是训练思维联想的速度;

2)强制联想训练,即随机找两个不相关的事物,要求尽可能多地想出它们之间的相关联系或相同点,比如:大海与羽毛球有什么联系,有哪些相同点等等。这种训练可以帮助我们提高大脑思维的跨度。

北大教授最后总结道:"对于一般人来讲,如果能按照这两种方法坚持训练一个月,就基本上可以达到提高思维速度和跳跃性的目的,为创新思维打下坚实的基础。当然,如果想进一步提升,还需要学习掌握一些专业的思维工具来辅助思考,因为专业的思维工具像撑杆一样可以帮助我们的思维达到凭本能无法企及的高度。"

4. 逆向思维,柳暗花明又一村

逆向思维是一种辩证思维,它不同于一般的形式逻辑思维,他要求人们跳出单向的线性推导路径,在逻辑推理的尽头突然折返,思路急转直下。逆向思维,作为一种特有的生存智慧,处处能产生出奇制胜的效果。

1999年3月1日《新民晚报》赫然登出一则标题为"灵机一动,省下亿元——超大型船将倒航进出宝山港池"的消息。介绍了上海港一位高级领航员利用逆向思维提出了超大型船舶不用掉头而是倒进港的金点子。文章说,随着上海港集装箱运输的迅猛发展,进行集装箱装卸的主要港区张华浜码头和军工路码头能力已经饱和。而宝山港池却因掉头区和部分航道太"窄"的限制,超大型船舶卡在港池外面,面临"吃不饱"的窘境,集装箱吞吐量日益萎缩。为此,上海召开了多次专家会议,大都认为要想解决这一问题难度极高、花费巨大。当时以特邀身份参加会议的上海港引航站站长、高级引航员杨锡坤用逆向思维的方法大胆提出与众不同的新设想:用倒航的办法将超大型集装箱船引入宝山港池,这就一举解决了超大型船体掉头难的问题,这一方案不仅可以免去原扩建港口工程费用上亿元,而且能大大缩短船公司的运期。

上海集装箱码头有限公司闻此"金点子"欣喜万分,当即委托设计单位按倒航的方案重新规划。1998年12月28日,在宝山港区超大型船舶进出港池可行性研究项目论证会上,专家组认为,倒航可行性研究立题具有创新精神,设想大胆新颖,具有在全国各港口推广的价值。

逆向思维的最大特点就在于改变常态的思维轨迹,用新的观点、新的角度、新的方式去研究和处理问题,以求产生新的思想。

某次,欧洲男子篮球赛的半决赛在保加利亚和捷克斯洛伐克两队之间进行。

这场旗鼓相当的比赛异常激烈。离比赛结束时间还差8秒钟时,保加利亚队领先两分,而且还是保队底线开球,看来保加利亚队已是稳操胜券。可奇怪的是,保队的教练忧心忡忡,倒是捷克斯洛伐克的教练挺开心。为什么呢?原来,保加利亚在其他场次的小分不如捷克队,这场比赛净胜捷克斯洛伐克队5分才能出线。而要在8秒的时间内打进3分真是太难了。

这时,保加利亚队的教练果断地要了暂停,面授机宜后,比赛继续进行。只见两位保加利亚队员从底线开球后,开始将球带往中场,这时,5名捷克队员全都退回到自己的半场进行防守。突然,带球的保加利亚队员一个大转身,纵身一跳,将球投中自己的篮筐。裁判的哨音也几乎同时吹响了。全场比赛结束,双方战平。根据比赛规则,必须加赛5分钟。

最后5分钟,保加利亚队士气高昂,全力相拼,终于不多不少地以5分的优势赢了这场比赛,拿走了决赛权。到这时人们才恍然大悟,不得不佩服保加利亚教练的高明。

保队教练在这关键时刻出的奇招,完全超出了捷克队、裁判以及现场观众的想象,甚至超出了比赛规则的正导向,它用相反的思路打破了人们正常的逻辑方向。最终,经验被逆向思维所超越。

手岛佑郎是一个先后在以色列和美国钻研犹太商法达30余年的博士。一次,他做了题目为《穷,也要站在富人堆里》的演讲。演讲中,他一一列举了犹太商法的32种智慧。这时,一个迟到的听众递上一张纸条,问到底什么是犹太商法。

手岛佑郎毫不思索,大声说道:"我在解释之前,先向你提三个问题吧。"

"第一个问题:如果有两个犹太人掉进了一个大烟囱,其中一个身上满是烟灰,而另一个却很干净,那么他们谁会去洗澡?"

听众一笑:"当然是那个身上脏的人!"

手岛佑郎也是一笑:"错!那个被弄脏的人看到身上干净的人,认为自己一定也是干净的,而干净的人看到脏人,认为自己可能和他一样脏,所以是干净的人要去洗澡。"

"第二个问题:他们后来又掉进了那个大烟囱,情况和上次一样,哪一个会去澡堂?"

听众皱了皱眉:"这还用说吗,是那个干净的人!"

手岛佑郎还是一笑:"又错了!干净的人上一次洗澡时发现自己并不脏,而那个脏人则明白了干净的人为什么要去洗澡,所以这次脏人去了。"

"第三个问题:他们再一次掉进大烟囱,去洗澡的是哪一个?"

听众这次谨慎多了,支吾道:"这?是那个脏人。不,是那个干净的人!"

手岛佑郎大笑:"你还是错了!你见过两个人一起掉进同一个烟囱,结果一个干净、一个脏的事情吗?"

犹太人从商的美名如此享誉世界,不可不说其反复逆向的换位智慧已经臻至进境。

有一家人决定搬进城里,全家三口,一对夫妻和一个5岁的孩子。他们跑了一整天,直到傍晚,才好不容易看到一张公寓出租的广告。于是,夫妻俩前去敲门询问,可房东遗憾地说:"啊,实在对不起,我们公寓不招有孩子的住户。"

夫妻俩听了,一时不知如何是好。默默半晌,走开了。

那5岁的孩子,把事情的经过从头到尾看在眼里。忽然,他跑了回去,又去敲房东的门。门开了,房东又出来了。只见孩子精神抖擞地说："爷爷，这房子我租了。我没有孩子，只带着两个大人。"

房东听后，高声笑了起来，决定把房子租给他们住。

同一个意思同一群人，但是"两个带着孩子的大人"和"一个带着两个大人的孩子"这样简单的逆向表述，竟然在简单的语序换位中应和了"不合理"的要求。这个聪慧的孩子巧用"方位逆向"为自己带来了幸福。

方位逆向，交换的可能只是物理的位置，获得的却是不可逆的、宝贵的时间。人与人在思维上的方位逆向，在生活中更能体现出达观机智的精神以及幽默的效果。

5. 思想有多远，路就有多远

每一个人都天生具有思考的能力，思考表象很容易，但剥离表象的掩盖去思考真理却要难得多，其中需要付出的努力远远超过做其他的任何事情。

"思想有多远，路就有多远"，正如这句鼓舞人心的广告语所说，一个人能走多远，取决于他能想多远。一个人成功的程度，取决于他胸襟和眼界的开阔程度。放眼现实世界，世界首富比尔·盖茨、科学奇才霍金、香港华人首富李嘉诚、太平洋严介和、阿里巴巴总裁马云、著名功夫演员成龙……这些人的辉煌和成功给我们留下很多思考：为什么他们能在众人中脱颖而出，创造奇迹呢？究其原因，就是因为他们身上具有一种东西——那就是与众不同的思路，独一无二、深彻独特的思想精神。所以他们改变了自身的命运,也改变了这个世界。

正确的思路,好的思路,可以影响和改变很多东西,甚至可以改变一个人、一个企业乃至一个国家、一个民族的命运。

现实是最英明的裁判。张瑞敏总结提出的"没有思路就没有出路"的思想理念,如今已经成为海尔集团的重要战略理念,这个重要的战略理念也是海尔独有的创新文化之一。正是在一系列科学而先进的创新观念的指导下,在20余年的时间里,海尔从一个亏空147万的街道小厂,发展成为全球营业额上千亿人民币的国际化大企业,20年走过了世界同类企业100年甚至更长时间走过的路。奇迹般的业绩,不仅使海尔成为国内企业中的佼佼者,而且成为世界企业中的佼佼者,创造了一个令世界震惊的"海尔神话"。

海尔还有一个思路——只有淡季思想,没有淡季市场。

七八月份是洗衣机的销售淡季,海尔经过市场调查分析得出结论:不是夏天客户不买洗衣机,而是没有合适的洗衣机。夏天要洗的衣服也就是一件衬衣、一双袜子之类的东西,用容量5公升的洗衣机,既费水又费电,非常不合算。据此,海尔开发了一种夏天用的洗衣机,是当时世界上最小的洗衣机,容量为1.5公升,而且有3个水位,最低的洗两双袜子也可以,这个产品一下子就在西方畅销开了。

从1995年开始生产洗衣机到现在,海尔销量在全国始终排名第一,主要原因就是,海尔人的新思路创造了领先的产品,打开了洗衣机销售的新出路。对此,张瑞敏说:"我们卖给消费者的,绝对不是一个产品,而是一个解决方案。"

在服务思路这方面,三联书店也颇有见地。

三联书店始终以邹韬奋先生创办生活书店的宗旨——"竭诚为读者服务"为店训，强调经营管理，长期以"读者的一位好朋友"自视，早在1935年就开办了电话购书业务，以方便读者。三联书店之所以能吸引不同阶层的人士，除了自身的商誉之外，主要得益于它的服务思路、服务态度和服务水准。

三联书店的管理者和经营者谙熟一个道理：在商战中，竞争对手之间以能否获得更多顾客青睐来决定胜负，因此，他们始终在变化经营思路、服务思路。三联书店的服务融入整个店面中，自然、平和、贴切，令人宾至如归。比如，人性化的高度和宽度，让人平静、放松的背景音乐，对读者无为而治的管理方式等。这些服务措施将书店变成了沙漠中的绿洲，让都市人在喧闹中获得了宁静，享受到了自由，汲取了知识。调查显示，开发一位新客户，要比留住一位老客户多花5倍的时间。当客户的基本生活需求满足之后，客户期待的不仅仅是产品和价格，更重要的是服务和尊重。

美国一对青年夫妇在用奶瓶给婴儿喂奶时，觉得市面上出售的奶瓶太大，8个月以下的婴儿都无法自己抱住奶瓶吃奶。女方的父亲恰好是一家工厂烧焊产品的检查员，听到他们的抱怨，便顺口说，最好在奶瓶两边焊上瓶柄，婴儿就能双手抓着吃奶了。一句话启发了这对青年夫妇，他们设法将圆柱形的奶瓶改制成圆圈拉长后中间空心的奶瓶，投放市场销售。结果60天内卖出5万个奶瓶，开业的第1年就收入150万美元。不经意间的一个小小的思路，创造了一个不小的奇迹。

一个小小的改变，一个新的思路，往往会得到意想不到的效果。我们在日常生活中，千万别失去思考力，要打开思维，具有创新思路，接受新知识、新事物。思路变,观念就会变,局势就会变,结果自然大不相同。因循守旧、墨守成规,无论何时何地都没有前途。正所谓:"要有出路就必须有新的思路,要有地位就必须有所作为,只有敢为人先的人才最有资格成为真正的先驱者。"

6. 把自己做的无用功降低到最低点

你应该反思一下,你每天努力的事情究竟有多么大的意义?

举个例子,一个早上刚刚开始工作的销售员,打开客户记录,整个上午都没有打出去一个电话,按照工作安排,他应该在上午给十多个客户打回访电话的,然而整个上午他都在翻阅资料、收集信息,中间上过几次厕所,喝过几次水,和同事聊天,也打过几通电话,不过那些电话都是鸡皮蒜皮的小事。很快就到了午饭的时间,他决定把给客户打电话的工作挪到下午, 即便他知道会议和制作提案已经占满了整个下午的行程。快下班的时候,他忙着整理会议记录,上交当日的工作报表,等做完这些,办公室的同事已经收拾东西准备下班了。在最后关上电脑准备离开办公室的那一刻,给客户的电话依然没有打,因为已经"没有时间"了——他要下班了,那些工作可能留给明天。

下面的建议不是万能的"灵丹妙药",但可以给你"少做无用功"提供一些有益的参考:

1)知道每件事要达到的目的再去做

我们清楚地知道,吃饭是为了不饿,喝水是为了不渴,睡觉是为了不困,但很多时候不知道工作是为了什么。别人说做什么就做什么,别人说怎么做就怎么做,从来不去思考为什么要这么做。因为目的不明确,所以做了很多费力不讨好的事情。

在一个工程的施工中,师傅正在紧张地工作着,徒弟在旁边学习。这时,师傅对徒弟说:"去,给我拿一个改锥来,我要……"还没等师傅说完,徒弟一溜烟就去了工具间。

师傅等啊,等。过了很久,徒弟气喘吁吁地回来了,拿着一个大号的改锥,说:"改锥真不好找啊!"

师傅一看,不对,生气地说:"谁让你拿这么大的改锥?"徒弟很委屈,心想:我又不知道你要改锥干什么,这难道不是一把改锥吗?害得我白白跑一趟。"再去拿把小的来!我要固定这个螺丝钉!"师傅一边说,一边把小小的螺丝钉递给徒弟看。徒弟又跑了一趟。

想想,我们的工作中是否也经常出现这样的情景?老板让你写个材料,你辛辛苦苦完成后交给他,他却告诉你,不是他想要的;同事邀你一起去参加一个会议,花了一整天的时间,你却发现这个会议跟你毫无关系。

其实,一件事有很多种做法,目的不同,做法也不相同。案例中徒弟跑来跑去,做事讲究速度,却毫无效果。如果他在拿改锥前,先听师傅把事情说完,或者自己主动问师傅需要多大的改锥,用于做什么。那么,他就不会多跑一次了。要知道,高效率的无用功,比低效率的有用功更可怕。

一件事,我们只有明白了为什么去做,才知道如何高效地把它做好。

2)第一次就把工作做好

你经常会碰到一些别人让你去做而你又不感兴趣的事,也经常碰到你需要去做但又没有时间或懒得去做的事情。对于这些事,你经常会先凑合地做着, 遇到问题也会放一放, 希望哪一天自己有了兴趣、灵感和时间的时候再去做,或者等别人发现了其中的不妥再去修改和完善。而实际上,等你再次面对这类问题的时候,你却发现自己还是跟以前一样没有兴趣和时间,而且更是没有了开始做的心境。

　　做事千万不要敷衍,要么不做,要么第一次就尽量把它做好。

　　海峰办公室的复印机总是卡纸,老板让他找人修理一下。经过修理人员的检查,发现原来是搓纸轮老化造成的。修理人员更换新的搓纸轮后,复印机可以正常运转了,但修理人员发现复印机的定影器也有点问题,问海峰是否需要更换一个新的。

　　海峰认为既然复印机现在已经修好了, 也就没必要再动别的零件,再说自己下午还有别的事要办呢,哪有时间陪他们修这个。他心想,等有了问题再说吧! 于是,就打发修理人员快走。修理人员走时,对他说:"现在不换,过一两个月后你还是得换!"

　　一个月后,老板在复印一份重要文件的时候,发现复印机居然彻底不工作了。他大发雷霆,叫来海峰:"你是怎么办事的! 上个月才修了一次,现在就不能用了! 上次修的时候你彻底检查了吗? "

　　海峰想起了上次修理人员的提醒,觉得理亏,马上打电话让修理人员过来,可对方说太远,而且连续几天的工作都安排满了,如果他着急的话,只能他自己把机器拖过去才行。海峰只得灰头土脸地找出租车,找人搬机器……

　　第一次能解决的问题,他没有重视,结果等到问题出现了再次去解决,不仅影响了工作,还给领导留下了个"做事靠不住"的印象,海峰真是后悔不已。

如此看来,第一次就把事情做好也是一种智慧。无论是学习,还是工作,第一次把事情做对,代价最小,收效最大。所以,在工作中,你应该时刻这样提醒自己:能做到最好就不要做到差不多!

或许你会说,我又不是神仙,怎么可能保证第一次就把事情做好呢?工作中怎么可能不容许一点误差或差错呢?确实,人非圣贤,在工作中难免会出一些错误,有一些过失。这里说的"第一次就把事情做好"是指一种追求精益求精的工作态度,一种力求完美的工作态度。一个人如果在做事前就抱着"犯点错没关系""有误差是很正常的""等有了问题再说"的态度,那么他绝对做不好一件事。

3)再忙也要留出思考的时间

因为太忙,所以没时间思考。殊不知,越是缺乏思考,越是让你忙碌。有时候,一个小时的思考可能胜过你一个礼拜的忙碌。

思考能帮助你从无效走向有效,从有效走向高效。在工作之前,你需要思考的是:哪些事情值得做,应该如何做,什么时候做。

不经过思考和调查而盲目行动,很容易做无用功,对于不喜欢思考的人来说,"忙"不是为了完成该做的事,而仅仅是一种习惯。

很多忙"上瘾"的人,做事总喜欢"先做了再说吧!"等做出来后,却发现所花的心思似乎用错了地方,于是"先放着再说吧!"而放的时间长了又将这件事忘记了。这其实是对自己的劳动成果不尊重的一种表现。

因此,千万不能拿忙碌作为不思考的借口,越忙越要抽空思考。你会发现,一个小时的停步思考,可能会比一整天像无头苍蝇般地乱撞乱转有用得多。不妨放下手中的事情,找个安静的地方,去看看夕阳、喝喝咖啡、沉淀自我,好好地思考一下要去做的事情!

7. 不要两次走进同一条死胡同

世界上没有一个人能保证自己永远不犯错误。对于社会中的每一个人来说，我们应当牢记的一个法则是：不要犯同样的错误。任何人都难免犯错误，不犯错误的人是没有的，聪明的人能够吸取上一次的教训，为防止下一次挫败做好准备；但不认真的人并不能这样做，常常犯与第一次相同的错误。所谓"吃一堑，长一智"，我们应该从错误中吸取教训，确保下一次不再犯同样的错误，人不应该两次走进同一条死胡同。

有一次，一个猎人捕获了一只能说90种语言的鸟。

这只鸟说："放了我，我将告诉你三条忠告。"

猎人回答说："先告诉我，我保证会放了你。"

鸟说道："第一条忠告是：做事后不要懊悔。第二条忠告是：如果有人告诉你一件事，你自己认为是不正确的就不要相信。第三条忠告是：当你爬不上去时，别费力去爬。"

讲完这三条忠告之后，鸟对猎人说："现在你该放了我吧。"猎人依照刚才所说的将鸟放走了。

这只鸟飞起后落在一棵高树上，它向猎人大声叫道："你放了我，你真愚蠢。因为你不知道在我的嘴中有一颗十分珍贵的大珍珠，正是这颗珍珠使我这样聪明。"

这个猎人很想再次捕获这只放飞的鸟，他跑到树跟前并开始爬树。但是当爬到一半的时候，他掉了下来并摔断了双腿。

鸟嘲笑他并向他叫道："傻瓜！我刚才告诉你的忠告你全忘记了。

我告诉你一旦做了一件事情就别后悔，而你却后悔放了我。我告诉你如果有人对你讲你认为是不可能的事，就别相信，但你却相信像我这样一只小鸟的嘴中会有一颗很大的宝贵珍珠。我告诉你如果你爬不上某东西时，就别强迫自己去爬，而你却追赶我并试图爬上这棵大树，还掉下去摔断了你的双腿。"

说完鸟就飞走了。

这则故事的寓意可谓深刻至极。生活中、工作中，我们经常听到别人给的忠告，有时自己也会对别人提出忠告。忠告一般都是从经验教训中总结出来的，目的就是为了避免在下一次犯同样的错误。因此，我们应该从自己成功与失败的经历中得出经验教训，然后根据实际情况灵活运用，避免犯同样的错误。

卡恩的档案柜中有一个私人档案夹，标示着"我所做过的蠢事"，夹中插着一些他做过的傻事的文字记录。

卡恩常常拿出那个"愚事录"的档案，重看自己对自己的批评，这样可以帮助他应对最难处理的问题、管理他自己。

下面是一则关于一位深谙自我管理艺术的人物豪威尔的故事。

豪威尔是美国财经界的领袖，曾担任美国商业信托银行董事长，还兼任几家大公司的董事。他受的正规教育很有限，他在一个乡下小店当过店员，后来当过美国钢铁公司信用部经理，并一直朝更大的权力地位迈进。

豪威尔先生讲述他克服危机的秘诀时说："几年来我一直有个记事本，记录一天中有哪些约会。家人从不指望我周末晚上会在家，因为他们知道，我常把周末晚上留作自我省察，评估我在这一周中的工作表现。晚餐后，我独自一人打开记事本，回顾一周来所有的面谈、讨论及会议过程。我自问：'我当时做错了什么？''有什么是正确的？我还能做些什么来改进自己的工作表现？''我能从这次经验中吸取什么教训？'这种每周检讨有时弄得我很不开心，有时我几乎不敢相信自己做事的莽撞。当然，年事渐长，这种情况倒是越来越少，我一直保持这种自我分析的习惯，它对我的帮助非常大。"

豪威尔的做法值得我们每一个人学习，睿智的人知道，不吸取教训，不改正错误，是做不成大事的。

一般人常因他人的批评而愤怒，有智慧的人却想办法从事情中学习。诗人惠特曼曾说："你以为只能向喜欢你、仰慕你、赞同你的人学习吗？从反对你的人、批评你的人那儿，不是可以得到更多的经验和教训吗？"

与其等待敌人来攻击我们或我们的工作，倒不如自己动手，我们可以是自己最严苛的批评家。在别人抓到我们的弱点之前，我们应该自己认清并解决这些弱点，及时完善自己，虽然我们不能保证百战百胜，但至少可以避免敌人用同样的手法轻易地击败自己。

8. 不盲从，才能活出独一无二的自己

有一个人仰着脖子在街上走，结果后面的人也全仰着脖子走，有一个小孩子很好奇，就跑过去问，为什么他们要仰着脖子走路，那些仰着脖子走路的人说："前面的人是这样走的。"其实第一个仰着脖子走路的人是因为流鼻血了，这样才能抑制住鼻血不往下流。

人总有这种趋向，平时总会发现在一群人中，一个人先去挑头干什么，不管他是对是错，其他人就会跟随着他去做。为什么会有这样的现象呢？答案就是盲从心理。

因为盲从，许多人做着自己都不明白的事情。

一个人最糟糕的是不能成为自己，不能在身体与心灵中保持自我。

在非洲的大草原，一大群牛一起疯狂地向前冲，结果它们全部都冲下了悬崖。科学家对此现象很是困惑，后来研究发现，原来跑在最前面的那头牛是疯牛，它因为犯了病，所以一个劲地疯跑。而后面的牛则是正常的牛，它们之中有一头看到疯牛在跑，以为遇到了天敌的攻击，于是也跟着奔跑，另外一个看见它们在跑，也加入了奔跑的行列，接着又是一个……越来越多，最后一大群的牛都葬身悬崖底，而且都死得不明不白。

类似的还有"羊群心理"。

在澳大利亚的大草原上，有一种羊和别的地方的羊不一样。它们吃草的时候并不是自由走动，各自寻找美味的食物。而是领头的走前面，其他的就全在后面。这样，走在前面的羊就能吃到新鲜的草，跟在后面的羊只能吃前面的羊吃剩下的草，但是它们只会跟着前面的羊走，从未想过要另外找一条草更加茂盛的路。

其实，不仅仅是动物会盲目跟从，人也不例外！盲从现象在我们生活中例子是很多的。

一个卖鞋子商人打了一块广告牌："杰克商店有便宜的鞋子，杰克。"后来有人说他太繁冗，杰克就改成"卖便宜的鞋子，杰克"。又一位朋友发表高见，结果广告牌变成了"鞋子，杰克"，之后，又被改了一次，成了"杰克"。

可能你会觉得这很可笑，一块合理的广告牌却因为盲目听从别人的意见，变成了一块毫无用处的"杰克"，可见它足以证明盲从的危害。

因为盲从，所以现实中有许多的时尚笑话。比如，一个身材窈窕的女子穿了件超短裙，的确漂亮，结果周围立刻有一大堆女孩子穿起了超短裙，也不顾自己是不是有穿超短裙的身材；一个女子染了金色的头发，的确很有创意、很好看，结果周围一下子就涌现出一大批把头发弄成金色的人；听说炒股票可以赚大钱，结果数不清的人一夜之间变成股民……

很多人似乎总习惯跟着别人走，习惯了别人踩过的脚步的那份安全踏实感觉，虽然有些人有过犹豫，但是还是跟着他人盲从。

盲从，主要是由于自己懒于思考，当人们习惯盲从后，处事就会变得敷衍,带来的后遗症,就是人变得缺乏主见,社会变得落后。盲从让一个人没有分析能力,让一个人没有表达喜好的勇气,就像有的人在选择学校、选择就读科系时,不是依着自己的兴趣与专长,而是盲从于明星学校或热门科系,结果往往费了大劲才发现不对路子。

孟子说"尽信书不如无书",就是要人们不要盲从,不盲从才有智能,不盲从才能创新,不盲从才能站稳自己的立场,不盲从才能不同流合污,不盲从才能活出独一无二的自己。

第九章
你在为谁工作

1. 工作态度不同,带来的人生结局也不同

工作是什么?工作是我们每个人都要正视的。如果你视工作为一种乐趣,工作就有干劲;如果你视工作为一种义务,工作就会得过且过。

三个石匠在雕塑石像,有个人路过,就问他们:"你们在做什么呢?"第一个人疲惫地回答:"凿石头啊,从早忙到晚,累啊!凿完这块我终于可以回家了。"这种人把工作看作是一种苦役,"累"是他们的口头禅。

第二个人抬头看了看,叹口气说:"我正在做雕像。没办法,谁让我有妻子有孩子,他们需要吃饭啊。这活儿我不喜欢,但它酬劳很高。"这种人把工作看作是一种手段,"养家糊口"是他们工作的

全部目的。

第三个人却骄傲地指着石像:"你看!我正在完成一件伟大的事业,一件完美的艺术品马上就诞生了!"这种人以工作为荣,以工作为乐,"这个工作很有意义"是他们对工作的赞美,也是对自己的肯定。

如果我们赋予工作意义,不论工作大小,都会使我们感到快乐,并从中有所收获。如果我们只是把它当成一件不得不做的差事,任何简单的工作也会变得困难、无趣,让我们倍感怠惰,精疲力竭。

工作态度的不同,带来的人生结局也许会完全不同。

新东方总裁俞敏洪在他的一次演讲中曾经提到这样一个故事:

有一个大学毕业生刚来到新东方时,只找到了一份帮助学生收发耳机的工作,但是他选择了积极的工作态度。在工作时,他一边帮助学生收发耳机,一边认真听每一位老师上课。两年后,他的英语已经达到了很高的水平。同时,由于他听了很多老师的课,不知不觉地,他也掌握了很多教学技巧。

有一天,他跑去找俞敏洪,说他想当老师。当时,俞敏洪感到很吃惊:"一个负责收发耳机的人怎么有能力当老师呢?"但是,他决定给这个年轻人一个机会。当年轻人试讲之后,大家才发现他的讲课水平确实很高了。于是他成了新东方的名牌老师,后来又担任了一家分校的校长。

俞敏洪由此感叹:"我们的生命中充满了选择,选择不仅和心情相关,也和命运相关。但凡选择积极的、努力的、向上的生活和工作方式,命运就一定会越来越好;但凡选择消极的、被动的、懒散的生活和工作方式,命运就一定会越来越糟。我们选择什么样的生活和工作方式,决定权在自己,但现在的选择决定了我们的未来。"

　　工作是什么？工作是我们实现自我价值的舞台。雁过留影，人过留痕。一个人，他的生命目标应该就是自我的完全展示。从这个意义上来讲，工作不仅仅是一个人谋生的本领，更是一个人生命意义的全部。

　　李·艾科卡是美国汽车业历史上的著名传奇人物。他在大学是学工科的，毕业后进入福特汽车公司工作，从见习工程师做起。因为他喜欢和人打交道，后来便从事汽车销售。在这一领域，他充分发挥了自己的经商天分。经过自己的努力，他以独特的市场眼光与销售方法使福特成为全球名列前茅的汽车霸主。1970年，李·艾科卡成为福特汽车公司总裁。在他任总裁的8年时间里，福特公司净赚35亿美元的利润。但由于与亨利·福特不合，后来他被解雇了。

　　在离开福特的同一年里，他担任了美国第三大汽车公司——克莱斯勒汽车公司的总裁。当时，克莱斯勒公司正处在一年亏损数亿美元的危难时期，李·艾科卡受命拯救残局。他力挽狂澜，带领濒危的克莱斯勒汽车公司从谷底崛起，并在其他汽车公司盈利下降的情况下，创造了高额的利润，写下美国汽车史上的传奇。

　　1984年4月，美国《时代》周刊的封面上刊登了他的肖像，通栏大标题是：他说一句话，全美国都洗耳恭听！

　　李·艾科卡用努力工作造就了自己人生的辉煌，并且为更多的人带来了工作的机会，实现了自我与社会的双重价值。

　　人生最有意义的事就是工作。人的本质决定了我们必须在社会中生活和工作，并通过工作为组织、为社会、为他人创造价值，同时实现自我。

在工作中,我们可以将自己最擅长的能力发挥出来,应用到孜孜以求的事业上。我们也许都深有体会:解决完工作难题是我们最开心的时刻;得到肯定和赞扬是我们最欣慰的时刻;获得胜利果实是我们最骄傲的时刻;拥有事业成就是我们最幸福的时刻……而所有的这些乐趣和喜悦都是在努力工作中获得的。

2. 不是抱怨,而是改变

要想在工作上取得突破是不能靠抱怨的,而是要求我们首先要去想如何改变、如何做到更好。这就需要一种积极思维,一种阳光心态,一种向上的工作理念。

积极思维就是要求我们在工作中处理任何事情都首先从积极、主动、乐观的角度去出发,去思考和行动,促使事物朝有利于工作完成的方向转化。戴尔说:"我喜欢热情、爱不断学习、对工作充满兴趣、善于自我挑战的人。"

小张被派去操作一个项目——改善某企业的人力资源管理工作。两个月后他回来了,看上去特别沮丧。他跟上司抱怨了一个多小时,说这个企业太糟糕了,管理太差劲了,制度也非常不公平。

上司听完后笑了笑说,"你知不知道,你得出的那些结论,他们的员工在以前早就抱怨过了。这个公司在人力资源管理上确实很有问题,你和他们的员工如果感觉一样,那是对的。但我之所以让你去,是要你提出来用什么办法解决这些问题。其实所有人都是聪明人,谁都能够看出问题,谁都能很容易否定一件事情。但是我要你做什么?不是做聪明人,而是做能改变这一切的人。"

后来,小张成长为一名优秀的咨询顾问,他总结说:"那一次,我学到了我一生中最重要的教训,就是不要抱怨,而要改变。"

事实上,不论在什么时候,我们都需要保持积极的思维、阳光的心态,并以这样的工作状态去面对困难和压力,而解决困难的办法往往就是要把我们的潜能挖掘出来,问题也会迎刃而解。

小刘是某企业的一位行政管理人员。他会经常向人抱怨他的老板,说老板又给他布置了很多任务,而他认为这些任务根本没有意义;说这个老板真不会办事情,跟客户谈话都不知道怎么谈,这样的老板根本不值得为他做事;说老板太苛刻,总是把他的时间安排得满满的……

开始时有人还帮小刘出主意,给他忠告:作为下属改变不了你的老板,就要改变你自己;不能希望一个资历、地位、收入都比你强的人因为你的抱怨而改变;还是多想想自己的问题,多找找自己的不足,自己改变了,才能改变别人和环境……

但他并未领悟到这些,依然故我地不停抱怨着,后来他被视为企业中消极因素的"播种机"。有一天,他被辞退了。

"不是抱怨,而是改变"还有一层意思就是:在很多时候要改变自己,而不是改变别人。要使自己拥有积极的思维,能直面问题,否则你只能连连抱怨。

3. "附加值"实现"富加值"

有的人发现：自己也在很努力工作，忠于企业，然而成就却远远落后于他人。这是为什么呢？请先问问自己，问题到底出在哪儿？

优秀的员工都在努力工作，但他们之中的一些人会主动积极地为企业献计献策。当各种各样的问题发生后，他们会站在企业的角度，不推诿、不躲避，想方设法地解决，为企业提供更多的"附加值"。而不是领导指到哪儿动到哪儿，领导不说就不做。

每个企业都喜欢能够提出新思想、好方法的员工，因为这不仅能够解决工作中的实际问题，还有利于激活竞争力，毕竟善于创造性工作的得力员工是企业不可缺少的力量。

只有凡事想到位、落实好，才能创造更多的价值，也才能赢得更多的信任和机会，在工作中不断地成长进步，为自己的职业提供"富加值"！

下面两个年轻人的故事对我们或许都会有所启迪。

有两个同时大学毕业的年轻人，被同一家企业录用。两年以后，其中一位已经提升为业务主管，而另一位却还在基层默默地工作。这位在基层工作的年轻人觉得很委屈，因为他认为自己比得到提升的那位同学兼同事更加尽力。

第三年，他的同学已经被提到一个重要部门的经理位子上了。终于，他忍无可忍，向总经理递交了辞职信，并抱怨自己一直辛勤工作却得不到提拔，而其他人却一帆风顺。

总经理耐心地听着，他了解这个业务员在工作中很尽力，但似乎又缺少了点什么。后来他想到了一个主意:"这样,"总经理说,"你马上到客户那儿去一下,看看'今天牌'橄榄油出货的价格行情怎么样。"

没过一会儿,这个人很快就从客户那儿回来了,并向总经理汇报说:"'今天牌'橄榄油客户今天售价138元/瓶,客户反映近期送货的时间比较长,我让他们向公司客服反映,做个登记。"

"客户那儿现在还有多少存货?"总经理问。

这个业务员连忙又跑去,回来后汇报说:"有52箱。"

"他现在卖的情况怎么样?"

这个业务员又一拍脑袋,"那我再去问问他吧。"

过了一会,这个人又跑了回来。总经理望着气喘吁吁的他说,"你还是休息一会儿吧,看看你的同事是怎么做的。"说完叫来他的那位同学:"你马上到客户那儿去一下,看看'今天牌'橄榄油出货的价格行情怎么样。"

这个年轻人也很快从客户那儿回来了,汇报:"'今天牌'橄榄油客户今天售价138元/瓶,存货还有52箱,近期出货量明显加大,考虑到马上会进入销售旺季,我已经给客户做了一个预进货的方案。"

同时这位年轻人还了解到客户现在正打算做一个市场促销活动,他看了活动的方案,给客户提了一些具体操作的意见,现在把客户的方案也拿回来了,请总经理有空时可以看一下。

同时,他根据客户反映近期发货慢,他回来的路上联系了物流公司。物流公司解释是因为近期人手出现了问题,所以没有及时到货,以后不会出现类似情况。在沟通解决后,他马上打了电话向客户致歉并做了说明。

听着这一切,这个抱怨没有升职的年轻人再也不说话了。

上面故事中,第二个业务员跑一趟就将所有的情况都弄清楚,对所有问题给出了解决方案并做处理,既省时省力,又扎实高效——所以说,卖力去做并不等于就把事情做好做到位了。

而既能想到位,又能做到位,这样的员工才会表现出更大的价值。这也是这样的员工获得提升的真正原因。

日本JR电车每碰到下雨天一定会在车内广播:"请不要忘了自己的伞。"但丢伞事件在车上还是时有发生。

有位员工提出了异议:"一成不变的广播词有何意义呢?"这个广播无非是要提醒乘客注意,不要将伞遗失在车上了。但因为例行公事而没有新意,导致乘客出现了听觉"麻木"。

这位员工提出了一个好的想法,如果在广播中改说:"目前送到东京车站遗失物管理处的雨伞,已超过300把,请各位注意自己手边的伞。"这样,乘客们一定会洗耳恭听。后来事实证明果真如此。

从此,忘记带雨伞的情形大为降低,乘客们对电车公司的细致服务纷纷表示满意,这位员工也因此得到了老板的赏识。

我们可以换位思考一下:

如果你是老板,有人只要一遇到困难和问题就会来找你汇报,希望你出面摆平或解决,或者一个劲儿地抱怨客观情况如何不好,像一个问题的传声筒,你还会考虑将重要的位置留给他吗?

在你交付一件事情以后,尽管做到汗流浃背,有人还是不能如期高质量地完成。你还会再考虑将下一件重要的工作交给他吗?……

答案是显而易见的。

正如GE公司前CEO杰克·韦尔奇所说:"在工作中,每个人都应该发挥自己最大的潜能,努力地工作而不是浪费时间寻找借口。要知道,公司安排你这个职位,是为了解决问题,而不是听你关于困难的长篇累牍的分析。"

在一个纺织企业里,厂长视察后跟生产主管说:"说实在的,我觉得现在员工的双手反应太慢,工作效率极低,你能想想办法吗?"

这位主管略加思考后,建议厂长组织员工每天利用业余时间去练乒乓球,在轻松愉快中锻炼手部的反应能力。结果半年以后,员工的工作效率大大提高了,皆大欢喜。

这位主管处理问题的能力和思考的水平给厂长留下了深刻的印象,认为他是一个得力的人才,他最终得到了重用。

记住这句话吧——贡献汗水,更要贡献智慧;要努力,更要得力!

日本东京贸易公司有一位专门为客户订票的小姐,经常给德国一家公司的商务经理预订往返于东京与大阪之间的火车票。

不久,这位经理发现一件看似非常巧合的事情:每次去大阪时,他的座位总是在列车右边的窗口,而返回东京时,又总是在靠左边的窗口。

有一次,这位经理把这件事告诉了订票小姐。这位小姐跟他说:"日本的富士山景色秀美、风光迷人,很多外国客人都喜欢看它的景色。而火车去大阪时,富士山在您的右边,返回东京时它在您的左边。所以,每次我都会替您买相应座位的车票。"

这位德国客户听了非常感动,他当即决定把与日本这家公司的贸易额大幅提升。看看,这就是用心工作而取得的结果。

有的人感叹自己一辈子注定只能拿死薪水,发展的前途渺茫。其实这时不妨扪心自问一下："我负责的每项工作是否都用心地去做了?""工作中是否仔细研究了每一个细节?""为了给企业创造更多的价值,我是否在不断学习中,是否为提升工作技能,找到更好的工作方法?""我对所做的每一件事都尽心尽力了吗?"……

如果对这些问题无法做出肯定的回答,那就说明我们做得并不比他人好,也就不必疑惑为什么自己比他人聪明,却长期得不到提升。

因为:用心才能优秀!

4. 先做好能做的事,再去做想做的事

我们应当努力做好自己能做的事,一个人的能力有大小,但只要用心做了,就能无愧于己,也无愧于人。

有人说,"世界级的竞争,就是细节竞争",从细节入手把工作做好,从而在企业中形成一种管理文化,就会使企业具有极其强大的竞争威力。

深圳某公司老总在与外商谈生意时,弯腰拾起公司楼梯口一支烟蒂丢进垃圾桶,谁知这一细微的动作竟博得了外商的好感和信任,遂爽快地与之签订了合同。因为他认为这样的领导一定务实,这样的公司会有前途。事实上这个公司因为先进的管理,年年效益极佳,公司的每一个员工都一贯注重管理中的每一件小事,并能做到准确到位,毫不遗漏。

很多企业管理者,都会觉得这很简单,很容易做到!但是事实上,在执行的时候又有几人能真正做到呢?

有一家小餐馆生意红红火火,原因是创造了许多令人印象深刻的细节。这家餐馆服务员5秒钟内对来客须做出反应,或者扬手或者明确方向点头示意,10秒钟内必须到达顾客身边。他们精心测算了顾客等饭菜的时间, 得出这样的结果:8秒到12秒之间是临界时间,在8秒钟内得不到回应的话,人会烦躁的。因此,他们定了这样的服务标准。

西方流传一首民谣:丢失一个钉子,坏了一只蹄铁;坏了一只蹄铁,折了一匹战马;折了一匹战马,伤了一位骑士;伤了一位骑士,输了一场战斗;输了一场战斗,亡了一个帝国。马蹄铁上一个钉子是否会丢失,本是初始条件的十分微小的变化,但其"长期"效应却是一个帝国存与亡的根本差别。这就是军事和政治领域中的所谓"蝴蝶效应"。

我们每个人的每一次细微的工作, 敲定一个符号、纠正一个错误、修正一个计划、回访一个客户……这些微小的行为都和我们企业这个大家庭的兴盛有内在的逻辑关系。

沃尔玛在省钱方面,做到了锱铢必较。为了尽可能地节约成本,沃尔玛的每个员工都能做到"视纸如命",沃尔玛没有专门用来复印的纸,除非非常重要的文件,否则一律用纸的背面,如果想复印,你首先要用裁纸机把废报告纸裁到适当大小,然后才能复印。沃尔玛的部门经理,甚至是更高一层的管理人员,在开会时大都使用着废报告纸裁成的"笔记本"。

无论在美国还是在世界上任何地方,沃尔玛都很少做广告。凯玛特的广告宣传占到了总运营费用的10.6%，而沃尔玛则只占到0.4%，沃尔玛的宣传广告仅仅是黑白两色的几张纸而已，远不比家乐福的精美制作和频繁发送。沃尔玛的促销部经常会组织培训，为的就是尽可能让一切宣传活动都在本部门内部得到解决。

很多时候，我们感到自己当初有如此的万丈豪情、壮志雄心，但往往事与愿违、一事无成，其实可能是我们想得太多，做得太少。我们只有做好能做的事，才能去做想做的事。

人最好从最近的目标开始，先做好能做的事，再去做想做的事，才会一步步走向成功。而做好自己能做的事，说起来容易做起来难，这不仅要求我们坚忍踏实，更要求我们有一种执着、永不言弃的精神。

做好自己能做的事，是我们在成长中前进的基础；做好自己能做的事情，是我们改造自己的条件；做好自己能做的事情，是我们走向成熟的必经之路。

做好自己能做的事需要我们有"千磨万击还坚劲，任尔东西南北风"的执着精神；需要我们有"柳暗花明又一村"的乐观心态。做好自己能做的事，实际上是对我们意志、毅力、心态的考验与磨砺。

我们不能决定生命的长度，但可以控制它的宽度；我们不能做到事事顺利，但可以做到事事尽力。做好自己能做的事，可以让我们的人生平凡而不平庸。做好自己能做的事，终能有所得。

5. 盲目跳槽，不如理智充电

在父辈把工作视为铁饭碗的时代，一个人一旦进入一家单位，一生衣食，自有单位替你安排。但经历了几十年的变化之后，职场开始自由起来，员工跳槽的次数也愈加频繁，几成潮流。

但是，把工作当作蹦床的袋鼠型员工，老是在行业之间，或行业内不同的公司频繁跳来跳去。那么，是什么原因促使他们做袋鼠型的员工呢？由一项社会调查报告可知，员工的跳槽不外乎因为以下原因：

1）把跳槽作为对人生的体验。很多人跳槽是为了换一种生活方式，寻求流动跳跃的感觉，寻找时代弄潮的体验。

从北京某高校硕士毕业多年的陈娟，原本在一家日资银行就职，薪水不菲，她的能力也令外方老板颇为赏识，但没多久，她就跳槽到了一家泰资公司。短短几年里，"不安分"的她，竟然换了3次工作。每每有人调侃她的"跳动症"时，她就说："刚刚过去的奥运会，我们国家的运动员得了蹦床冠军，为什么我就不能'跳'一把呢？"

2）把跳槽作为寻找最合适工作的机会。爱尔兰著名的文学家萧伯纳曾经说过："人生有两大不幸：一是得到他心爱的东西；二是得不到他心爱的东西。"袋鼠型的员工的不幸就是：似乎找到了喜欢的工作，但是总不确定这个工作是不是最适合自己。

一位毕业于某大学中文系的学生说："我现在很迷茫。"她原先在一家公司里做文员,因为看不惯那家公司的一些做法,辞了职。后来又做过营销工作。"但都不是我想要的,我现在很困惑,不知道该选择什么,该做什么,有种焦虑感。"

在一次又一次的放弃与选择中,梦想与现实到底是拉近了距离还是背道而驰?其实,很多时候没有最合适的行业,也没有最理想的工作,任何工作都能锻炼人的意志,都能体现人的智慧和价值。

3)把跳槽作为战胜挫折的办法。一遭遇挫折,就认为自己怀才不遇,这样的人很容易产生另谋高就的想法。于是,他们视跳槽为最好的解脱办法,常常抱着"下一份工作会更好"的心态。但是,新公司、新工作还是有许多让他们感觉不满的地方,当在新公司遇到挫折后,跳槽的念头又重新浮现出来。

4)把跳槽作为寻找更好工作环境的机会。袋鼠型的员工以为跳槽就能找到更好的工作环境、更广阔的发展空间。

短期看来,跳槽可能会让人获得暂时的利益,如升职、高薪等,但高位、高薪绝不是频繁跳槽的结果。据统计,在高级人才中,频繁跳槽的人与其他人相比,高薪的比例是1∶2;同时,频繁跳槽者个人资源的积累和自身能力的培养都相对大打折扣。

很多袋鼠型的员工在一次次的跳槽中,让自己在以往的职业生涯中艰辛积蓄起来、沉淀下来的职场能量(经验、技术等)一次次归零。

盲目跳槽、上蹿下跳的员工,其跳的能量会越来越小、跳的高度越来越低,供其跳的"工作蹦床"和"企业舞台"越来越小,在职场受欢迎的程度也只会越来越低,最后无处可跳。

所以,盲目跳槽,不如理智充电。转行跳槽前,先要预备自己的相关能力,而这往往需要长期的积累,不是一个简单短暂的临时准备就可以实现的。人不打无准备的仗,既然非跳不可,就需要瞄准适合自己的职业,合理的参与充电才是明智的选择。

6. 坐得了"冷板凳",才能坐得了高堂

我们都知道,在篮球比赛中,没有上场的球员都是坐在场边的板凳上看别人比赛。职场有时候就像一场篮球赛,上司也会如教练一样给你一条"冷板凳"。不论是初入职场的毕业生,还是能力超强的职场达人,在职业生涯中都可能会面临这个尴尬问题。

其实,这是一件司空见惯、非常正常的事情。在职场,坐"冷板凳"的原因有很多, 然而很多人在遭遇职场冷遇时, 并不去思考自己坐"冷板凳"的原因,而是很不能接受这样的现实,整日抱怨、意志消沉,结果害了自己。不管什么原因,坐上了"冷板凳",最好的办法就是心平气和地坐下去,并且更加努力工作,以赢得上司的改观。

有一个公司的副总裁被调往国外,位子空了下来。学历、资历、能力,甚至年龄都旗鼓相当的两个部门经理,都盯上了这个空位。那段时间,两个人表面上友好亲善,暗地里剑拔弩张。其他同事也如粉丝一样,各自支持着两个人争夺副总裁的位子。一时间,公司气氛紧张。闻讯赶来的董事长勃然大怒,不由分说地将这两个部门经理"外调发配",一个被派到了偏远的分公司任职,一个则被调去管理库房。

调往分公司任职的经理对这个决定不满、愤怒,不认真工作,成天向手下员工发牢骚,结果,整个分公司的业绩直线下滑。

　　派去管仓库的那个经理在刚开始的时候,心里自然也愤怒,但是很快他对这种不公平待遇就"反思"了。在库房工作了一段时间,他发现库房的管理很乱,就动手整理起来。他用自己所学的管理知识把库房的商品重新编号,完善出入库手续,把整个库房弄得井井有条。一切都平顺了之后,他就开始抱着一本专业书温故知新了。

　　就这样,半年过去了。董事长下令将调去库房的经理提拔为副总裁,将派到分公司的经理撤了职。原来,董事长之所以将他们俩"贬下凡尘",并非他们有什么错,而是公司正在考验他们。而事实证明,管仓库的经理耐住了"冷板凳"的考验,成为副总裁最合适的人选。

　　坐"冷板凳"并不可怕,可怕的是一个人没有坐热"冷板凳"的心态。巴顿将军曾说过这样一句话,"成功的考验并不是你在山顶时会做什么,而是你在谷底时能向上跳多高。"如果一个人觉得自己的职业生涯已经糟得不能再糟,那就说明这个人成功的考验才刚刚开始。

　　有人说:"职业的'冷板凳'如果坐得好的话,可能是你职场的第二个春天。"仔细想想,事实确实如此。当我们坐"冷板凳"时,一来我们可以反思;二来在场外坐的时候,我们就有时间去冷静观察"整场比赛",当我们储备了一定实力,有了一定的成绩,那么我们的上司怎么可能会看不到我们的成绩呢。

　　许昱跳槽到一家知名的企业做销售副经理,准备大显身手。然而,进了公司之后,他才发现事实并不像自己想象的那样。公司一下子招了三个副经理,每一个都不是等闲之辈。工作了一段时间之后,因为许昱的工作方法与总经理不相同,所以,他和另一名副经理坐上了"冷板凳"。

　　许昱对朋友抱怨说:"我虽然挂着副经理的头衔,手里却一点儿实权都没有，什么事情都要请示，有时候连个普通业务员都不如，因为部门开会都不让参加。"

朋友却对他说："在不被重用的时候，正是你收集各种信息的时机，不断学习新的知识和技能，包括专业上的技能和通用技能，这样你才能始终保持竞争力，在时来运转时你便可以大显身手，跳得更高，表现得更加出色。"

许昼听后大受启发，开始安心地坐起了"冷板凳"。

与不停抱怨和无效抗议的其他副经理不同，许昼收起了锋芒，做好工作中的每一件小事，并且多听多做，很快就对公司上下都了解了个遍，甚至各部门都熟识了几个同事。一年后，因为销售方案不当，经理被解职了。而许昼却忽然成了红人，当上了销售部经理。这时候的许昼早已做好了充分准备，一跃登场，就协同下属做好了销售方案，并取得了良好的效果。

当上司真的给我们"冷板凳"坐，这不一定是刁难和折磨，可能是给我们的考验和新机遇。因此，如果我们不受重用，不要自暴自弃，不妨利用这个时机增强自己的实力，以谦卑的姿态广结善缘，博得好评。不管我们坐上"冷板凳"后平时所做的事多么琐碎，多么不值得一提，也要一丝不苟地做好，这样才能让别人看见我们的精神和勇气。

只有坐得了"冷板凳"，才能坐得了高堂。明白了这个道理，就去把"冷板凳"坐热吧！

7. 把简单的小事做到极致就是成功

海尔总裁张瑞敏说过："坚持把简单的事情做好就是不简单,坚持把平凡的事情做好就是不平凡。所谓成功与伟大,就是在平凡中做出不平凡的坚持。"人们都希望做大事,做复杂的事。其实,大事都是从小事开始的,复杂都是由简单开始的。把一件简单的事做好,做到最好,做到极致,就是不简单,就是成功。

很多人都不难发现,我们每天的工作和生活都是一件件琐碎的简单小事构成的,例如收发邮件、招待客户、向上司作一些报告等等。但这些小事并不容易做到极致,像收发邮件时,有可能会出现细节的错误,有可能会延迟时间;招待客户时,有可能因为衣着不整而被客户反感……

张秉贵只在一所贫民学校上过半年学。他11岁时就在纺织厂当了童工,17岁到北京德昌厚食品杂货店当学徒。1955年秋,新建的北京百货大楼开张并招聘25岁以下营业员,36岁的张秉贵因有多年的经商经验被破格录取。

当时,北京百货大楼是全国最大的商业中心,客流量大,张秉贵坚持对工作毫不马虎的态度,30多年间接待顾客近400万人,没有怠慢过任何一个人。他认为,"一个营业员服务态度不好,外地人会说你那个城市服务态度不好,港澳同胞会感到祖国不温暖,外国人会说中华人民共和国不文明。我们真是工作平凡,岗位光荣,责任重大!"他在问、拿、称、包、算、收六个环节上不断摸索,练就了"一抓准"和"一口清"的过硬本领,接待一个顾客的时间从三四分钟减为一分钟。他通过眼神、语言、动作、表情、步伐、姿态等调动各个器官的功能,几乎成了那个时代商业领域的服务规范。

张秉贵那令人称奇的"一抓准""一口清"技艺和"一团火"的服务精神,成为新中国商业战线上的一面旗帜。他多次被授予优秀共产党员称号,当选为党的十一大代表,第五、第六届全国人大代表和常委会委员。

很多人抱怨自己没有做大事的机会。世上的职业本没有高低贵贱之分,不管我们从事的工作在外人看来多么低微,只要我们真心付出,把事情做到极致,就能获得别人的认可和尊重。

有人说:"做到60分不够,100分才算合格。我们不能满足于差不多,不能满足于60分及格,要做就做到最好。温水升到99℃,还不是开水;若再加一把火,在99℃的基础上再升高1℃,就会使水沸腾,并产生大量水蒸气来开动机器,从而获得巨大的经济效益。"所以,把简单的事情做到极致就是把水烧到100℃。

马克·桑布恩第一次遇见弗雷德是在买下自己生平第一所房子之后,邮差弗雷德主动向他介绍了自己。马克·桑布恩还从没有见过这样热情的邮递员,心下感到非常温暖,便对弗雷德说:"我是个职业演说家。"

弗雷德说:"如果你是位职业演说家,那肯定要经常出差旅行了。如果你能给我一份你的日程表,你不在家的时候,我可以把你的信件暂时代为保管,打包放好,等你在家的时候再送过来。"

桑布恩先生觉得没必要这么麻烦,弗雷德却解释说:"桑布恩先生,窃贼经常会窥探住户的邮箱,如果发现是满的,就表明主人不在家,那你就可能要身受其害了。"

弗雷德继续说道："我看不如这样，只要邮箱的盖子还能盖上，我就把信放到里面，别人不会看出你不在家。塞不进邮箱的邮件，我搁在房门和屏栅门之间，从外面看不见。如果那里也放满了，我就把其他的信留着，等你回来。"

有一次，桑布恩先生出差，而美国联合递送公司误投了他的一个包裹，给放到沿街再向前第五家的门廊上。弗雷德看到他的包裹送错了地方，就把它捡起来，送到他的住处藏好，上面还留了张纸条解释事情的来龙去脉，又费心用擦鞋垫把它遮住，以避人耳目。

接下来的十年，桑布恩先生一直受惠于弗雷德的杰出服务。一旦信箱里的邮件塞得乱糟糟，那一定是弗雷德没有上班。

桑布恩先生对弗雷德把事情做到极致感到非常满意，一个邮差因此而赢得了演说大师的肯定。

世界旅馆业大王康拉德有句名言："就算一辈子洗马桶，也要做一个洗马桶最出色的人！"其实，越是做简单的事情，因为心理上觉得事情太过简单，越容易松懈，很难把事情做到极致。所以对待简单的事情，我们更要以积极的心态去面对，并激发自己强烈的责任感，倾注自己的热情，把每个细节考虑到位，并实事求是地把每个细节做好。

一个人成功与否不在于他做什么，而在于他是不是能够把简单的事情也做到极致。其实，这就是大成功、大智慧。

8. 每天多准备百分之一

《礼记·大学》中有段话："苟日新，日日新，又日新。"老子在《道德经》中说："合抱之木，生于毫末；九层之台，起于累土；千里之行，始于足下。"

这些古老的中国经典文化说明一个道理：量变积累到一定程度就会发生质变。所以说，不要幻想自己能突然脱胎换骨，成为一个卓越的员工。要知道，从平凡到优秀再到卓越并不是一件多么神奇的事，你需要做的就是，每天进步一点点。

让自己进步的方法有很多，但见效最快的就是：每天多准备百分之一。

假如你看到体重达8600公斤的大鲸鱼，跃出水面6.60米，并向你表演各种杂技，你一定会发出惊叹。但确实有这么一只创造奇迹的鲸鱼，它的训练师披露了训练它的奥秘。

在开始时，他们先把绳子放在水面下，使鲸鱼不得不从绳子上方通过，每通过一次，鲸鱼就会得到奖励。渐渐地，训练师会把绳子提高，只不过每次提起的高度都很小，这样才不至于让鲸鱼因为过多的失败而感到沮丧。就这样，随着时间的推移，这只鲸鱼竟在不知不觉中跃过了6.60米的高度。

就像这只鲸鱼一样，每一个卓越员工的经历虽然各有不同，但总有一点是相同的，那就是他在每天的工作中总比别人多做一些工作，哪怕只多百分之一。有一句古老的谚语说："事情就怕加起来。"正是这一个个百分之一的相加,才造就了非常可观的成就。

你在为即将进行的工作做准备时,不论考虑得多么周全,准备得多么充分,在工作的开展过程中却不免会有意外的出现,这个意外也许相对于整体来说,比重并不大,但事情的成败与否,往往就在此一举。这就像"酒与污水法则"告诉我们的一样,一滴酒滴入污水中,污水还是污水,而一滴污水滴入酒中,则酒就变成了污水。

下面我们可以来看一个小故事。

纽约的一家公司不出意料地被一家法国公司兼并了,在兼并合同签订的当天,公司新的总裁宣布:"我们不会随意裁员,但如果你的法语太差,导致自己无法和其他员工交流,那么,我们不得不请你离开。这个周末我们将进行一次法语考试,只有考试及格的人才能继续在这里工作。"散会后,几乎所有人都拥向了图书馆,他们这时才意识到要赶快补习法语了。只有一位员工像平常一样直接回家了,同事们都认为他已经准备放弃这份工作了。令所有人都想不到的是,当考试结果出来后,这个在大家眼中肯定是没有希望的人却考了最高分。

原来,这位员工在大学刚毕业来到这家公司之后,就已经认识到自己身上有许多不足,从那时起,他就有意识地开始了自身能力的储备工作。虽然工作很繁忙,但他却每天坚持提高自己。作为一个销售部的普通员工,他看到公司的法国客户有很多,但自己不会法语,每次与客户的往来邮件、合同文本都要公司的翻译帮忙,有时翻译不在或兼顾不上的时候,自己的工作就要被迫停顿。因此,他早早就开始自学法语了。同时,为了在和客户沟通时能把公司产品的技术特点介绍得更详细,他还向技术部和产品开发部的同事们学习相关的技术知识。

这位员工做这些准备都是需要时间的,但他是如何解决学习与工作之间的矛盾呢？就像他自己所说的一样："只要每天记住10个法语单词,一年下来我就会3600多个单词了。同样,我只要每天学会一个技术方面的小问题,用不了多长时间,我就能掌握大量的技术了。"

如果你是个有创意的员工,你应该明白仅仅是全心全意、尽职尽责是不够的,还应该在工作中比别人多准备些。表面上看来,你没有义务要做自己职责范围以外的事,但是你也可以选择自愿去做,以驱策自己快速前进。这种态度是一种极珍贵、倍受看重的素养,它能使人变得更加敏捷、更加积极。所以,无论你是管理者,还是普通职员,"每天多准备百分之一"的工作态度能使你从竞争中脱颖而出。你的企业、上司、同事和顾客会关注你、信赖你,从而给你更多的机会。

当然,这也许会占用你一些私人时间,但是,你的行为会使你赢得良好的声誉,并增加他人对你的信任。

卡洛·道尼斯先生最初为杜兰特工作时,职务很低,现在已成为杜兰特先生的左膀右臂,担任其下属一家公司的总裁。他之所以能快速升迁,秘密就在于"每天多准备百分之一"。

有几十种甚至更多的理由可以解释,你为什么应该养成"每天多准备百分之一"的好习惯——尽管事实上很少有人这样做。

第一,在建立了"每天多准备百分之一"的好习惯之后,与四周那些尚未养成这种习惯的人相比,你已经具有了优势。这种习惯使你无论从事什么行业,都会有更多的人指名道姓地要求你提供服务。

第二,如果你希望将自己的左右臂锻炼得更强壮,唯一的途径就是利用它来做最艰苦的工作。相反,如果长期不使用你的左右臂,让它养尊处优,其结果就是使它变得更虚弱甚至萎缩。

如果你比只做份内工作的人多做一点,那么不仅彰显自己勤奋的美德,而且还发展了一种超凡的技巧与能力。这种做法会使你具有更强大的生存力量,从而进入卓越员工的行列。

社会在发展,公司在成长,个人的职责范围也随之扩大。"这不是我份内的工作"不应该再是你推脱的理由。当额外的工作分配到你头上时,你不妨将之视为一种机遇。

提前上班,别以为没人注意到,老板的眼睛可是雪亮的。如果能提早一点到公司,就说明你十分重视这份工作。每天提前一点到达,就可以对一天的工作做个规划,这样,当别人还在考虑当天该做什么时,你已经走在别人前面了!

如果不是你的工作,而你做了,这就是机会。有人曾经研究为什么当机会来临时我们无法把握,因为机会总是乔装成"问题"的样子。当顾客、同事或者老板交给你某个难题,也许正为你创造了一个珍贵的机会。对于一个卓越的员工而言,公司的组织结构如何、谁该为此问题负责、谁应该具体完成这一任务等,都不是最重要的,在他心目中唯一的想法就是如何将问题解决。

如果你一直坚持"每天多准备百分之一",你会发现它能给你带来令你惊讶的收获。

对艾伦一生影响深远的一次职务提升就是来自这样的一件小事。

一个星期六的下午,一位律师(其办公室与艾伦的同在一层楼)走进来问他,哪儿能找到一位速记员来帮忙,因为他手头有些工作必须当天完成。

艾伦告诉他,公司所有速记员都去观看球赛了,如果晚来5分钟,自己也会走。但艾伦同时表示自己愿意留下来帮助他,因为"球赛随时都可以看,但是工作必须在当天完成"。

做完工作后,律师问艾伦应该付他多少钱。艾伦开玩笑地回答:"哦,既然是你的工作,大约1000美元吧。如果是别人的工作,我是不会收取任何费用的。"律师笑了笑，向艾伦表示谢意。

艾伦的回答不过是一个玩笑，他没有真正想得到1000美元。但出乎艾伦意料，那位律师竟然真的这样做了。6个月之后，在艾伦已将此事忘到了九霄云外时，律师却找到了艾伦，交给他1000美元，并且邀请艾伦到自己公司工作，薪水比现在高得多。

而另一位成功人士的经历也是如此，他说：

50年前，我开始踏入社会谋生，在一家五金店找到了一份工作，薪水仅仅可以勉强糊口。有一天，一位顾客买了一大批货物，有铲子、钳子、马鞍、盘子、水桶、箩筐等等。这位顾客过几天就要结婚了，提前购买一些生活和劳动用具是当地的一种习俗。货物堆放在独轮车上，装了满满一车，骡子拉起来也有些吃力。送货并非是我的职责，而我完全是出于自愿——我为自己能运送如此沉重的货物而感到自豪。

一开始一切都很顺利，但是，一不小心车轮陷进了一个不深不浅的泥潭里，我使尽吃奶的劲都推不动。一位心地善良的商人驾着马车路过，用他的马拖起我的独轮车和货物，并且帮我将货物送到顾客家里。在向顾客交付货物时，我仔细清点货物的数目，一直到很晚才推着空车艰难地返回商店。我为自己的所作所为感到高兴，但是，老板却并没有因我的额外工作而称赞我。

第二天，那位商人将我叫去，告诉我说，他发现我工作十分努力，热情很高，尤其注意到我卸货时清点物品数目的细心和专注。因此，他愿意为我提供一个职位，薪水是当时足以使我晕倒的天文数字。我接受了这份工作，并且从此走上了致富之路。

不要为多付出的那一点斤斤计较，人的能力是无限的，你完全可以多想想"我还能做些什么？"一般人认为,忠实可靠、尽职尽责完成分配的任务就可以了,但这还远远不够,尤其是对于那些想成为卓越员工的人来说更是如此。人要想取得成功,必须多做些准备。同时除了做好本职工作以外,还要做一些不同寻常的事情来培养自己的能力,引起他人的关注。

如果你是一名货运管理员,也许可以在发货清单上发现一个与自己的职责无关的未被发现的错误;如果你是一个过磅员,也许可以质疑并纠正磅秤的刻度错误,以免公司遭受损失;如果你是一名邮差,除了保证信件能及时准确到达,也可以做一些超出职责范围的事情……这些工作也许不是你的事,是专业技术人员的职责,但是如果你做了,就等于播下了成功的种子。

你要坚信这个道理:付出的总会有回报。即便你的投入无法立刻得到相应的回报,也不要气馁,应该一如既往地多付出一点。而回报可能会在不经意间以出人意料的方式出现。你付出的努力如同存在银行里的钱,当你需要的时候,它随时都会为你服务。

记住了吗？每天多准备百分之一!

第十章
你只管精彩,老天自有安排

1. 今日的辛苦,未尝不是他日美好回忆

经常听见很多成功人士说:"其实我觉得最成功的不是现在的成绩,而是经历过的那些辛苦。"也经常听见很多人说:"其实结果并不重要,重要的是过程。"

或许,今日我们不可抗拒当下的辛苦,但我们有选择快乐的权力。我们可以选择坦然面对辛苦,笑着接受那些必须经历的痛苦。世间万物,无论矿物、植物,还是人物都必须经过淬炼,才能提炼精华。深山里的金银铜铁,如果没有经过冶炼,无法成器,又何能成为黄金、钻石、美玉呢?

纪伯伦的寓言里有一则故事:一只蚌对它附近的另一只蚌说:"我身体里边有个极大的痛苦,它圆圆的,很沉重,我遭难了。"那只蚌怀着骄傲自满的情绪答道："赞美上天也赞美大海，我身体里边毫无痛苦，我里里外外都很健全。"这时有一只螃蟹经过，听到了两只蚌的谈话，它对那只里里外外都很健全的蚌说："是的，你是健全的，然而你的邻居所承受的痛苦，乃是一颗异常美丽的珍珠。"

辛苦是人生的必修课，也是每个人都必须经历的过程。人生如同登山，要一步步向上攀登，总是贪图享乐，不想经受痛苦和磨难，要轻轻松松地过上体面的生活，这是不可能的。有人说今天逃避了辛苦，将来总有一天要补上。

有一个男孩出生在一个贫困的小山村里，他从小就有一个志向，那就是希望通过自己的努力改变命运。然而，他刚上高中，父亲就病故了，因此他产生了退学的念头，想帮助母亲一起承担家庭重担。母亲不同意，并且打了他一个耳光。

为了供他念书，母亲省吃俭用，在连续5年的时间里，从未添置过一件衣服。这个男孩很争气，3年之后，考进了大学。为了减轻家庭负担，在休息日，他利用自己所学的专业，到一家公司打工。

在4年的假期里，为了节省路费，他只回过家一次。也就是在那一次回家，他用打工挣来的钱，为母亲买了一件上衣。当母亲穿上那件新衣服的时候，母亲忍不住哭了，他和妹妹也失声哭了起来。

大学毕业后，他应聘进了一家科研公司工作，因工作出色，深得老板赏识。后来积累了经验的他辞职，独自出来创业。3年之后，在他的努力打拼下，公司迅速发展起来，手下员工过了300名。

他曾经对他的员工说："当你置身痛苦的时候，只要坚持下去，你就会发现，从前的痛苦对于你的一生，将是最美丽的回忆！"

其实,生活就像一朵黑色的曼陀罗,在疼痛中挥洒妖艳,在无尽的黑色里涌动出生命的暗香。只要我们摆正心态,生活中多一分辛苦,人生便可以多一分历练。辛苦的过去就像生命的刻度一样,记录着我们人生的成长。正如我们费尽千辛万苦攀上山顶的时候,手中的茧子和伤疤都是一种见证。有人说:"人生就是交响乐,只有配置了苦痛的低音区才能演奏出抑扬顿挫的动人乐章。虽然谁都不情愿辛苦生活,但唯有拥抱辛苦,才会懂得享受生活的甘甜。"

奥古斯狄尼斯曾经说过:"在任何情况下,遭受的痛苦越深,随之而来的喜悦也就越大。"痛苦是一种公平的赐予,喜悦紧随其后。当我们一路走来,回首往事,我们就会发现,自己已经走过的辛苦,就是一粒一粒的珍珠,藏在我们的回忆里。

今日的辛苦,何尝不是他日美好的回忆? 当你取得成功,站在人生之巅时,或许,你就会发现:最美的正是过去的回忆。正像普希金所说:"那过去了的,终将成为美好的怀恋。"

2. 放爱一条生路,也是给自己一条生路

人们都说:"来是缘,去是缘,有缘相聚且惜缘。"当爱情来了,我们要用心享受,千万不要放过任何快乐和幸福,可是当缘分尽了,我们也应该大度地放开手,只求一切随心随缘,让一切顺其自然。

爱情是两个人的事,并不是剃头的挑子一头热就行,不能强求。如果太过于执着,在不知不觉中,爱就变成了盲目的固执与任性,失去了理智。让别人痛苦的同时,也让自己加倍的痛苦。

徐志摩来到伦敦两个月，就认识了林家父女，紧接着，他便向林徽因发起了爱情攻势。徐志摩用情之烈，林徽因年岁尚小，有些诚惶诚恐。而徐志摩此时已经是一个两岁孩子的父亲了，他想："哪怕是离婚，也要追求林徽因。"事实上，他确实这么做了。

后来，林徽因随父亲回国，徐志摩知道林徽因与梁思成的婚事后，也匆匆回国。

回来之后，受到父亲和梁启超的强烈劝阻，然而，即使是父亲和老师的话，徐志摩也不听了。他对林徽因日思夜想，经常去找林徽因，哪怕是梁思成已然和林徽因陷入热恋之中，他也丝毫不放弃。

1924年，泰戈尔访华，林徽因和徐志摩同为泰戈尔的英文翻译。在这段时间里，林徽因告诉他："我不可能成为你的妻子。"在送别林徽因的火车站上，胡适说："志摩哭了。"

几年后，林徽因学成回国，受聘于东北大学任教，生病之时，徐志摩还专程前来沈阳看望。

1931年，为了参加当天晚上林徽因在北平协和小礼堂为外国使者举办中国建筑艺术的演讲会，徐志摩搭乘的飞机遇难，机毁人亡……

对这一段的感情，林徽因和梁思成的儿子梁从诫的看法是："我一直替徐想，他在1931年飞机坠毁中失事身亡，对他来说是件好事，若多活几年对他来说更是个悲剧。"

在浪漫的电视剧中，坚持自己所爱是一种感人肺腑的力量，可是在现实生活中，人们终究要面对生活。对爱情太过执着，死守一份不属于自己的爱情，在折磨自己的同时也在折磨他人，还有可能错过属于自己的爱情，从而阻断追求爱情的道路。

滚烫的杯子,只有放开它,才不至于烫伤自己。缘分尽时,舍得放爱一条生路,放对方一条生路,也是给自己一条生路,给自己一个寻找真爱的机会。这样我们才能在生活中找到幸福,最终得到爱的真谛。

男孩和女孩是同校校友,一天男孩向女孩告白,女孩仗着自己是学校的才女,且年轻漂亮,根本不把这个男孩放在眼里,她很不屑地说:"哼,你这样一位毫不起眼的男生凭什么追求我?"

男孩听完后,认真地对女孩儿说:"因为我爱你,爱有公平的权利!"

女孩冷漠地瞥了一眼男孩,冷冷地说:"那你就排队等候吧。"

后来,女孩和自己心目中的白马王子在一起了,男孩决定祝他们幸福。但后来女孩的白马王子去了国外,女孩再次成为了单身。男孩说:"这一次轮到我了吧?"女孩很感动,但说还没有把前男友忘掉,说再给她三年时间。

三年过去了,女孩并没有回来找他,而是选择了和另一个人在一起。时间久了,女孩和自己的男朋友经常吵架,她突然明白了谁才是真正爱自己的人,于是她想找男孩,幻想着男孩听到她表白时高兴的模样。

当她来到男孩家的时候,男孩身后站着一个漂亮、清纯的女孩。男孩解释道:"这是我女朋友,她来为我过生日。"她六脑里一片空白,于是就对男孩说:"我路过,顺便来看看你。"

男孩送女孩走时,他说:"我已经等了你十年了,你始终没有给过我确定的答案,你也从没记住过我的生日,我只有选择放手。我现在的女朋友很好,我觉得和她在一起很幸福,也祝你幸福。"

有一句歌词非常经典："浪漫如果变成了牵绊，我愿为你选择回到孤单；缠绵如果变成了锁链，抛开诺言。有一种爱叫作放手，为爱放手天长地久……"生活就是这样，一边是我们放不下的爱，一边是我们的生命。只有给爱放一条生路，才能让我们的青春获得真正的爱情。

3. 塞翁失马，焉知非福

曾经有一位商学院的学生因为经商失败而跳楼自杀。商学院的学生经商，是一种社会实践，可以累积经验，但是商场险恶，随时会失去辛苦经营的一切。如果不能用一种豁达的心态对待失败，后果就会不堪设想。

俄国一位作家曾经说过："在人的一生中，失去比获得更加重要，种子也是在消失之后才发芽的。"换一个思考方式，我们在失去某些东西的那一刻，其实正在得到一些其他的东西，比如失去金钱，得到的是教训和经验；失去工作，得到的是创业的机会……

汤姆森是一家机械厂的技术员，工作有几年时间了。他刚刚买了一套房子，花光了所有的积蓄，而且还有贷款，但因为行业不景气，公司订单减少，就在这个时候，他被解雇了。面对因房贷而来的无以为继的沉重压力，他焦虑得食欲不振、夜不能眠。

虽然公司给了数万元遣散费，又可以领一年失业救济金，但总不是长久之计。他一时找不到对口工作，只好"病急乱投医"，但总也找不到自己能干的。

有个朋友安慰他："你几乎失去了一切，情况已经够糟，转好的时候很快就会到了。说不定你这次失业，是上天给你的机会。"一语惊醒梦中人。他想是的，我总想给人打工，不如自己创业，只有创业，才能获取真正的财富。于是他开始思索如何自己创业做点小生意。

有天他在找工作时，无意中看到一家两元钱商店写着"业主急让"。他决定拿下这家店，自己"当家做主"，不再"看老板脸色"。由于这家店面地理位置好，交通方便，又有充足的停车位，而且在经营中他非常认真，并能想出一些好点子，比如引进一些有特色的新货品。慢慢地，他的生意越做越好。

季羡林说："走运有大小之别，倒霉也有大小之别，而二者往往是相通的。走的运越大，则倒的霉也越惨，二者之间成正比。中国有一句俗话说：爬得越高，跌得越重。了解了这一番道理之后，我们要头脑清醒，理解祸福的辩证关系。"一时失去可谓是倒霉的事情，但我们应用这种辩证思维来看待。

塞翁失马，焉知非福，艾科卡失去了福特公司的工作，结果艾科卡使克莱斯勒汽车起死回生，并且因《反败为胜》一书而声名大噪；三阳公司的总经理张国安在毫无心理准备下的情况下突然被免去总经理职务，离开后，张国安设立了丰群集团，迎来了人生事业的第二个春天。

有时候，我们还会因为失去身外之物而得到充实丰盈的人生，懂得人生的真谛。

《临江仙》一词乃明朝杨慎所做，云："滚滚长江东逝水，浪花淘尽英雄。是非成败转头空，青山依旧在，几度夕阳红。白发渔樵江渚上，惯看秋月春风。一壶浊酒喜相逢，古今多少事，都付笑谈中。"

杨慎是嘉靖皇帝时期内阁大学士杨廷和之子，是当时有名的才子。但因仪礼事件，他为嘉靖皇帝所厌恶，受廷杖之后，被谪戍至云南永昌卫。本来美好的人生，坦荡的仕途就这样中断了。含着金钥匙又有才华的他可以说失去了功名利禄以及和功名利禄有关的前途。

在刚开始的岁月中，杨慎有过哀怨、慨叹、愤恨不平。但是，随着日子一天天过去，他的心态反而慢慢平和下来，他寄情于山水，有了充足的时间读书、画画、看书。

在大多数人的眼里，福就是福，祸就是祸。面对祸时就感到烦恼，面对福时就感到欢愉，其实不然。正所谓"祸兮福之所倚，福兮祸之所伏。"福和祸，本是一对双胞胎，谁也离不开谁。因此，对待人生的起伏变化，得与失也应当顺其自然，不因为走好运有福气就沾沾自喜，也不因为灾祸或霉运就垂头丧气，毕竟境遇总是在不断转化中的。

相信只要在得失祸福中有过大起大落的人才会了解，一个人为外部环境的变化所牵绊的太多就会失去生活的真谛，忘记自己原本需要怎样的生活，人要想获得幸福，首先要拥有一个平和的心态，懂得祸福相依的道理。

4. 放弃眼前的小利，着眼于以后的大得

小鸟若不是放弃了温暖舒适的巢穴，又怎会拥有壮阔蔚蓝的天空；鱼儿若不是放弃了涓涓细流的小溪，又怎能见识大海的深沉及波浪。同样，人若是舍不得眼前的小利，便不能拥有辉煌的未来。

虽然人人都明白"有舍才有得"的道理，但每每当我们要舍掉一些东西时，往往还是会犹豫不决。因为大家总是认为，现在是"舍"掉了，而以后能"得"到多少，却还是个未知数，因此很多人宁愿选择"守"。事实上，当一个人只会顾眼前的利益时，那么他的人生注定是失败的。很多人就是因为过分贪婪，过分注重眼前的小利，结果使自己失去了一切。

"螳螂捕蝉，黄雀在后"的故事已经向人们说得很明白了：螳螂自以为很聪明，即将得到美味大餐，却不知道自己早已经被黄雀盯上了。这种只顾眼前利益而不想将来的心理，最终往往会将自己的未来断送。

很久以前，有一个南昌人住在京城里，做国子监的助教。有一天，他外出经过延寿街，恰巧看到一个年轻人要买《吕氏春秋》那本书，讲好价钱后，年轻人掏出钱开始点，不小心掉了一枚铜钱，不过他并没有察觉。于是，这个南昌人便装作若无其事地走过去，用脚踩住那枚铜钱。等年轻人买完书离开后，他就弯下腰将钱捡了起来。这一幕被旁边的一位老人看了个清清楚楚，他站起来询问此人的名字，这个人便如实回答，之后老人便走了。南昌人怎么也想不到，原来这个人是江苏巡抚。

后来，这个南昌人以舍生的名义进到了誉录馆，求见选官，终于得到了一个江苏常熟县尉的职位。上任之后他一直想见巡抚，可是都不得见，后来才知道原来自己的名字早已经被列入检举弹劾的公文里了。这人十分不解，不明白为什么会被弹劾，人家对他说是因为贪污。他心想：自己还没有正式上任呢，怎么会有贪污之说呢？一定是搞错了，他想进去当面解释一下。巡捕便将此事禀报了上去，不一会儿，巡抚就出来了，问年轻人："难道你不记得当年在书铺里的事了吗？那个时候的你对一文钱都要贪。现在你当上了官，那还不得把手伸进别人的口袋里直接偷呀？还是请你马上解下大印走吧！"这人这才明白，原来幕后的那位"高人"就是当年问自己姓名的老人，他后悔不已。

这个年轻人因为一文钱而断送了自己的官途，实在令人感到可惜，这个故事也向人们说明了一个道理：要忍一时的失，才能有长久的得，要能忍小失，才能有大的收获。大量事实也证明，在小利面前如果贪心过剩，往往就会被牵着鼻子走。

将眼光放得更加长远一些，是一个成功人士所必须具备的素质。倘若你能看到每一次失去的背后都会有更大的机遇在等着你，那么你就不会因为舍掉眼前的利益而心痛不已。从某种程度上来说，舍小利也是一种投资，大的利益往往都是从舍小利开始的。

凡事人应该从大局着想，为整体利益暂时放弃一些局部利益。诚然，抓住眼前的小利能够让人欢愉一时，但很多人都没有想过：试图处处得利，一定会让自己处处被动，造成整体失利的结果，受害的终归还是自己。

孔子座下有许多弟子，其中有个叫宓子贱的鲁国人。有一次，齐国要进攻鲁高，随着战火一步步深入，马上就要攻打到鲁国的单父地区了，而宓子贱正在做单父宰。当时恰逢麦收季节，眼看马上就能够收割入库了，倘若此时齐人攻过来，百姓们辛苦一年的劳动成果势必会被抢走。很多父老乡亲们都向宓子贱提出建议，说要在齐军攻进来之前让老百姓们抢收麦子，不管是谁种的，谁抢到就归谁，总之，肥水不流外人田，再说，齐国的军队抢不到粮食，自然也就坚持不了多久。但宓子贱听了，却坚持不同意采纳这个建议。后来，齐国的大军攻了进来，将小麦一抢而空。

因为这件事，宓子贱受到了很多老百姓的埋怨，鲁国的贵族季孙氏也十分生气，还派出使臣向宓子贱兴师问罪。宓子贱说道："今年麦子被抢，明天我们还能再种。倘若这次真的下发命令，让老百姓抢收麦子，那么那些没有种麦子的人就会不劳而获。当然，单父的百姓也能抢回一些，但那些趁火打劫的人却可能会年年盼望敌军在这个时候入侵，到时候民风越来越坏，这个情况不是比被齐国抢去更加严重吗？鲁国并不会因为失去一年小麦的产量而变得衰弱，便如果让单父的百姓产生了这种借外敌侵入而获得意外之财的不良心理，才是对鲁国大大的不利呀！"

宓子贱能够深谋远虑，放弃眼前的小得，着眼于以后的大利，这种远见着实令人佩服。在小利与未来之间，宓子贱做出了正确的选择，古人尚有如此智慧，身处现代发达社会的人们，是不是更应该让自己拥有这种胸襟和气魄呢？尤其是一些已经取得成功或是有一定地位的人，由于他们的影响超出普通人，因此人们对他们一般会有所求，其中不乏有其曲意逢迎，投其所好的。如果这些人只顾贪图小利，就很有可能会沦为别人手中的工具，甚至还会使自己陷入刀山火海之中。

若盯着蝇头小利，只会捡了芝麻，丢了西瓜，做生意、做事情、做人，都是如此。凡事从大处着眼，只盯着鼻子前面这点小利，没有远见，最终会因小失大，成不了气候。

陶渊明舍得五斗米辞官，才能拥有"采菊东篱下，悠然见南山"的自得；比尔·盖茨舍得哈佛大学的一纸文凭，才创造了今天微软的财富神话……如果他们只着眼于眼前的小利，怎么会有以后的成就呢？

一个成功的人生，必须要看透"舍"与"得"之间的关系，拥有时候或许我们正在失去，而舍掉的时候或许我们也正在获得。所以安于一份放弃，固守一份超脱，这才是至高的境界及智慧。

5. 不急不躁，慢慢来

星云大师在《不急》一文中说到，中国文化给人的感觉一直是沉稳、含蓄的，就如太极拳般心平气和、不急不躁。《论语》说，"欲速则不达，见小利则大事不成。"但是，当今社会，不少人似乎少了耐心，多了急躁；少了冷静，多了盲目；少了脚踏实地，多了急于求成……在市场经济的大背景下，很少人能按捺住自己驿动的心，守住自己宝贵的孤独与寂寞，他们大多变得越发浮躁和一定程度的急功近利。

有一个小和尚，每次坐禅时都幻觉有一只大蜘蛛在他眼前织网，无论怎么赶都不走，他只好求助于师父。师父就让他坐禅时拿一支笔，等蜘蛛来了就在它身上画个记号，看它来自何方。小和尚照师父交代的去做，当蜘蛛来时他就在它身上画了个圆圈，蜘蛛走后，他便安然入定了。

当小和尚做完功课一看,却发现那个圆圈在自己的肚子上。原来困扰小和尚的不是蜘蛛,而是他自己,蜘蛛就在他心里,因为他心不静,所以他才感到难以入定,正像佛家所说的"心地不空,不空所以不灵"。

"浮躁"指轻浮,做事无恒心,见异思迁,不安分守己,脾气急躁,总想投机取巧。浮躁是一种情绪,一种不可取的生活态度。浮躁者对现有目标的专注度不够、耐心度不足,对现有的目标拥有不切实际的想法和希望。

在一些人的心灵深处,总有那么一种力量使他们茫然不安,让他们无法宁静,这种力量就是浮躁。浮躁不仅是人生最大的敌人,而且还是各种心理疾病的根源。

浮躁这种情绪对我们生活的影响越来越大。人浮躁了,就会终日处在又忙又烦的应急状态中,脾气会变得暴躁,神经会越绷越紧,长久下去,会被生活的急流所裹挟。这种情绪在人的内心里积存下来,久而久之,逐渐形成了某些人固有的性格,使他们在任何时候任何环境中,都不能平静下来。因此,这类人不自觉地,在盲目和冲动的情况下,做出错误的决定,给自己造成更大的精神压力,让自己越来越急躁,终究形成恶性循环,一发不可收拾。所以,想成就大事者,要心存高远,更要脚踏实地。

在生活中,人们热情饱满,甚至凡事都跃跃欲试,自然不是什么坏事,生活本来就需要这样一种劲头。如果每天生活得懒散不羁,对人对事毫无热情,那么生活往往会成为一潭死水,毫无生命气息可言。然而热情也要讲究方式,热情用在积极的心态上,是一种动力。而浮躁,则是一种对热情的错误运用。

浮躁的人虽然并不缺乏生活热情,但是却缺少合理分配和利用热情的能力。浮躁的人在处事上常常缺乏理智、容易半途而废、浅尝辄止。如梁实秋所说,为迫切完成某事而心浮气躁,就容易导致言行过分,这不仅有碍于人际关系,容易语出伤人,更容易分散心智,影响做事的效率或是错过眼前的良机。

谭传华用一把小小的木梳打开了他的商业市场,用"谭木匠"的品牌,成为一个成功的商人,或者说成功的企业家。成功后的谭传华,在成功面前变得有些膨胀和浮躁。因为浮躁,他有过一次失败的投资,这次"出轨"的投资,就是他把目光转向了电视业。

成功后的谭传华,在几个朋友怂恿下,决定投资拍摄方言电视剧《爬坡上坎》。在投资了250万元之后,这部电视剧一度给他带来不小的惊喜:那年春节前,多家电视台打电话预订这部电视剧,以至于公司的两部联络电话"都打爆了"。但是,谭传华"明显感觉到以后还会有更大的买家找上门",他决定再"等一等"。但是春节过后,公司的两部联络电话安静得像两个古董,再没有发出任何声音。无奈之下,谭传华以150万元的价格,勉强将这部电视剧卖了出去。这一次,谭传华损失了100万元。

对于谭传华来说,这是一个教训。他意识到了自己的浮躁,经过再三考虑后,他给自己定下了方向,那就是不能走"多元化"的发展道路,而是专心于他的治木特长。如今,谭木匠加盟店数量已超过了500家,在新加坡、马来西亚等地,也有了该品牌的加盟店。

其实,成功与失败,平凡与伟大,往往就在等待的一念之间。许多成功人士的重要秘诀也就在于他们将全部的精力、心力放在一个目标之上,而且善于等待。而另外还有一些人,他们虽然很聪明,但心存浮躁,做事不专一,缺乏意志和恒心,到头来只能是一事无成。

改变浮躁性格可以从以下几个方面来做:

在实践中锻炼耐心。耐心都是锻炼出来的,缺乏耐心也就等于自动丢掉了成功的机会。在生活中多多锻炼自己的耐心,做每一件事时都要学会安下心来,不要总是想着结果如何,要把精力放在如何做好这件事上。

多看有积极意义的电影或书籍。这既能让你放松心情,调节生活节奏,同时也能为你带来更强大的生命动力,让你拥有更多的生活热情。

遇到急事先冷静。焦急的情绪并不能帮你解决任何问题,只有思考后再行动,思考一下如何做才能最大限度地降低损失,怎么样处理才能较合理地解燃眉之急,然后马上去行动。

学会循序渐进地做事。凡事不可贪大,成功要一步一步来,做事前首先要安下心来,为自己树立起框架,然后从最微小的部分做起,循序渐进,逐渐完成。

6. 能主动放手的是智者

放弃不是失掉幸福,而是成就完美——经过淘洗后的完美。人生不能追求绝对的完美,但我们可以追求经过放弃的完美。

希望和美好就是在放弃中滋生重生,在我们放弃美丽的时候,或许能重新获得幸福,因为放弃,也是一种美丽。

从小到大,我们受到的教育、鼓励都是坚持到底、永不放弃等。其实，固守"坚持"二字并不是明智的做法。世间万物，纷繁复杂、多样难收，没有所谓绝对正确的固定法则，坚持的法则也是如此。适当的、必要的坚持非常重要，但是若是不分情况的一味坚持，那么坚持就不再是坚持，而是顽固不化，最终达到的目的地也并不是心中所梦想的境界，可能是别的什么。

其实，通常情况下，我们的坚持都带有一定的盲目性；我们所坚持的也大多只是自己一味地强求，或者说是自欺欺人。

《卧虎藏龙》中有这样一句话：把手握紧，里面什么都没有，把手放开，你会得到一切。这实乃至理名言，不仅道出了人们固守的"病"态，还点出了人们苦守的心态，以及给出放弃愚钝的坚持所需要的方法。适时的放弃更是一种坚持，果断的放下更是一种智慧，在必要的时候，让我们主动地放下。

很多时候，我们并不能够按照自己心中的想法做事情，做事情除了主观的努力，还存在客观的因素，而这些客观的因素包含有利的和不利的。当客观的制约因素迫使我们必须要放弃的时候，我们不妨将心放下，或许收获的不是强扭的瓜。

所谓两弊相衡取其轻，两利相权取其重。权衡利弊后，找到事物最佳的选择，该放弃的时候果断放弃，该撒手的时候主动撒手，你得到的才可能更多、更有生命力，你的竞争力才能够更积极、更有力。

很多时候，当我们失去一样东西的时候，我们感叹、惋惜，经常会回想，然后伤感。我们为各种各样的失去叹息，奢望着失去的还能回来，可是在通常情况下，失去的都永远地失去了，我们的向往都无法再实现。这个时候，我们就不妨豁达放手，或许可以摆脱无谓的执着，换得一份心灵的轻松和恬适。

一个老者乘火车外出，在喝水的时候，不小心将新买的鞋子弄湿了。于是,老人赶快脱下来,放在车窗边沿晾晒。可是,轻轻的山风还没有将鞋子吹干,美丽的阳光还没有将鞋子晒干,这双崭新鞋子中的一只就在老者的一不小心间被撞掉下了火车。老人连忙探出头去,紧张地观望,可是鞋子已经远去,火车依然在前进,老人的鞋子不可能再回来。老人深深地叹了一口气,可是不到一会儿,这位充满智慧的老者却非常豁达地把另外一只也扔出了窗外。一刹那,惋惜、感叹的人们诧异万分,将不理解的目光投向老者。老人笑了笑说道:"我留着这一只鞋子,也没有什么用处了。但要是外面谁能够捡到,配成一双,说不定能穿,岂不是更好?"

的确,一双崭新的鞋子,还没有穿多久就不能再穿了,既不是因为鞋子质量的问题,也不是因为自己不再喜欢,而是被自己无心撞掉,真的是令人感叹、惋惜,不能够缓解心中的郁闷。可是,纵使我们再感伤,鞋子还是不能够再回到自己身边。伤心难过不仅起不到任何有建设性的作用,还可能让自己更加烦恼和无措。这个时候,我们不妨也向老者学习一下,撒手把另外一只也放弃,就像老者所说的"我留着也没有什么用处了",或者如老者所想的:说不定谁捡到了还可以配成一双。

老者豁达的撒手,令他获得了双赢:一是得到轻松和快乐,一是丢弃难过和伤感。老者智慧的撒手,令他得到了两份憧憬:一是更加崭新的鞋子,一是被他人偶得的美意。老者主动的撒手,不但不是愚钝和轻率,反而是一种难得的豁达和睿智。

所以,有些时候,当我们的"鞋子"也不能够回来了,我们就也学学老者吧,或许将会得到像老者这样的惬意和轻松。懂得主动撒手的道理,并切实贯彻到自己的工作、生活、学习中去,相信我们的人生会绽放出更多的光彩,至少可以得到一份豁达的美好和生存的惬意。

7. 埋葬过去，才能开辟未来

我们经常可以听到一些人这样说："我过去可厉害了，销售量在我们公司第一""以前我可风光了，说话可有分量了"……还有些人这样说："后悔呀，以前我要是多买几套房子该多好啊""我真不应该做那样的事情呀，我伤害了很多人"……回首往事，其中有太多的美好或难过，而沉迷其中便阻碍了我们看向希望，走向成功。

曾经的一切，不论荣耀还是耻辱都已随时光而过去了，我们不可能改变什么，那么这些也便不能变成我们所拥有的。现在和未来，才是我们真真实实应该把握的，过分关注不可能改变的历史毫无意义。

英国前首相劳合·乔治有一个习惯——随手关上身后的门。有一天，乔治和朋友在院子里散步，他们每经过一扇门，乔治总是随手把门关上。"你有必要把这些们关上吗？"朋友很是纳闷。

"哦，当然有这个必要。"乔治微笑着说，"我一生都在关我身后的门。你知道，这是必须做的事。当你关门时，也将过去的一切留在了身后，不管过去是美好的成就还是让人懊恼的失误，然后，你又可以重新开始。"

这个门不仅是生活当中的门，也是人生哲理的门。我们的一生要经历很多这样的门，只有随手关上身后的门，才能够学会忘记，忘记过去的辉煌，也忘记过去的不快，这样才不会沉湎于自己以前的一些事情中，向前看，去追求更加光辉灿烂的明天，才能创造出人生的一个又一个辉煌。

雪莱说:"过去属于魔鬼,未来才属于自己。"很多优秀的人,在获得诺贝尔奖后,便沉迷在自己过去的辉煌中,不肯把目光看向前方,将成就抛在身后,所以他们都没再能取得更加卓越的成功。然而居里夫人在第一次获得诺贝尔奖后,毫不犹豫地将过去甩开,继续以执着的目光望向更加美好的事业,才能取得了第二次的伟大成功。我们需要将成功的过去抛到身后,向前看,同样我们也需要将失败的过去放在身后向前看。

回首过去,不管是快乐还是伤心,注定已经烟消云散,一切都变得无迹可寻。我们的生命在日复一日地循环中慢慢地成长和完善起来,不要让昨天的记忆活在现实中,不要留恋并徘徊于过去,新的生活需要我们有新的感悟。我们必须要在不同的时代有不同的领悟,才能充满生机地去迎接生命中每个新的开始。

当然,放下过去绝不是忘记过去那么简单。放下是对过去的一种尊重,是对生活的总结和提炼,是生命的一种智慧。学会了放下,过去的一切都将成为我们珍贵的财富,而不是一种沉重的负担。

随手关上身后的门,为生命去掉一些负担,增加一份轻松;去掉一些彷徨,增加一点智慧。明天可能还会有不幸,还会有烦恼,但当太阳从东方升起,我们将迎来又一个崭新的一天。但如果把我们经历的每一个烦恼和忧伤全部挂在嘴边,我们的生活哪里还会有轻松和喜悦?所以,懂得放下,每一天都将充满阳光!

8. 未经十灾八难,终难成人

如果你从未经受过任何灾难,平平安安地度过人生几十年,而且一切也都不错,我们只能说,你是个有福之人。但是,你要想体会事业上的成功,就必须跳出目前的"糖罐子",因为一个什么都不错的环境是不可能造就出非凡的成功的。

古语讲:福则伤财。

只有曾经沧海的人,才可能理解这句话的真正含意。这是一句广义上的生活真理:一个沉浸在幸福环境中的人,不可能放弃自己的优越条件去挣辛苦钱,也不可能有打破现状的魄力。

幸福的人生是最完美的人生,但它是来之不易的。只有年轻时不懈努力,为争取长久的幸福赢得资格,才能够成就自己完美的人生。

糖对于现代人来说,几乎成了一种毒药,它是很多疾病的根源:糖尿病、肥胖症、蛀牙等等。

幸福也是这样,过量的食用就会给你的事业造成危害。

我们当然要追求幸福,这和承受苦难并不矛盾。因为人只有经历了人生的挫折和苦难,你才能够更深刻地体味幸福。阳光总在风雨后,只有经历了风雨,你才知道阳光的可贵。

成功的道路从来曲折坎坷,如果你想绕过去,你就没法尝到胜利的甜美滋味。你不能给自己退路,如果一遇到挫折你就退回到自己安逸的环境中去,那你遭遇困境时的借口就会成为你人生的最后依托。而"置之死地而后生"往往有出人意料的结果。

看看以下几位名人成功之前的失败记录吧:

林肯,从22岁到51岁当选总统连续遭受重大失败13次。

史泰龙,在成为巨星前,无论求职、写剧本,共遭遇1500次嘲讽,1800次的拒绝。

约翰成名之前共收退稿笺743份。

爱迪生,在电灯发明成功之前做过约一万余次试验。

多梅尔(法国马赛的一位警官),为了缉凶,行程近二万里,查阅了高十几米的资料,打了几十万次电话,坚持了52年而破案。

……

事实证明:只要你具有试一万次而不气馁的恒心,你就能够点石成金。

自认为是条龙的人,在生活中决不会以一条虫的标准来要求自己。

沙莉·拉斐尔现在是美国一家自办电视台节目主持人,曾经两度获得主持人大奖,每天有800万观众收看她主持的节目。在美国的传媒界,她就是一座金矿,她无论到哪家电视台、电台,都会给单位带来巨额的回报。

然而在她职业生涯中却遭遇了18次辞退,她的主持风格曾经被人贬得一钱不值,在她第19次爬起来之后她终于成名。

最早的时候,她想到美国大陆无线电台工作。但是,电台负责人认为她是一个女性,不能吸引听众,理所当然地拒绝了她。

她来到波多黎各,希望自己能有好运气。但是她不懂西班牙语,为了熟练语言,她花了3年时间。然而,在波多黎各的日子里,她最重要的一次采访,是一家通讯社委托她到多米尼加共和国去采访暴乱,连差旅费也是自己出的。

在以后的几年里,她不停地工作,不停地被人辞退,有些电台指责她根本不懂什么叫主持。

1981年,她来到纽约的一家电台,但是很快被告知:她跟不上这个时代。这太令人绝望了,她简直痛不欲生,她几乎被彻底摧毁了。为此,她失业了一年多。

有一次,她向一位国家广播公司的员工推销她的清谈节目策略计划,得到他的肯定。然而不幸的是,那个人后来离开了广播公司。她再向另一位职员推销她的策划,这位职员对此却不感兴趣。她找到第三位职员,请求被雇佣。此人虽然说同意了,但却不同意她搞清谈节目,而是让她搞一个政治类节目。

她对政治一窍不通,但为了生活,她不想失去这个工作,她开始发奋补习政治知识。

1982年的夏天,她的政治内容节目开播了。她娴熟的主持技巧和平易近人的风格,使得许多听众打进电话来讨论国家政治行动,包括总统大选。

这在美国的电台历史上是没有先例的。

她几乎是一夜成名,她的节目现在已成为全美最受欢迎的政治节目。

挫折会激发人奋进的力量,幸福安逸有时候是一种温柔的羁绊,所以在成功的道路上,我们一定要有积极心态,面对出现的一切。